BIO-TECHNOLOGY

하루 한 권, 생명공학

아시다 요시유

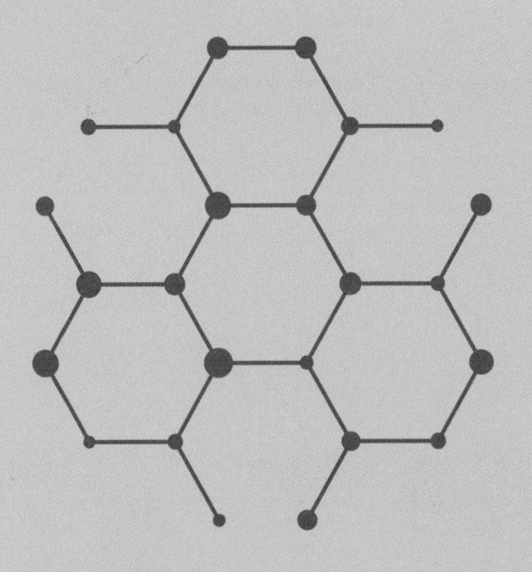

과학적 사고를 통해 보는 생명 유지 시스템

아시다 요시유키(芦田嘉之)

1961년 교토부에서 태어났다. 오사카대학 대학원 이학연구과 박사 과정을 중퇴하고, 철학 박사 학위를 취득했다. 도쿠시마대학 치학부 조수를 거쳐 히로시마대학 대학원 이학연구과 조교수, 구레 공업 고등전문학교 비상근 강사로 근무하고 있다. 전문 분야는 암의 전이 · 침윤, 식물의 스트레스 반응 · 방어 기구 등이다.

※ 홈페이지: http://www2.biglobe.ne.jp/~ashida/

일러스트 이와사키 마사시

● **일러두기**

본 도서는 2011년 일본에서 출간된 아시다 요시유키의 『やさしいバイオテクノロジー カラー版』를 번역해 출간한 도서입니다. 내용 중 일부 한국 상황에 맞지 않는 것은 최대한 바꾸어 옮겼으나, 불가피한 경우 일본의 예시를 그대로 사용했습니다.

들어가며

유전자 재조합 식품(GMO)으로 불리는 유전자 변형 식품에 대해 들어 보았을 것입니다. 어떤 생각이 드나요? 솔직히 말해 이런 식품을 보는 소비자들의 시선은 곱지 않습니다. 일본은 세계에서 손꼽히는 유전자 변형 작물 수입국이자 소비국입니다. 그리고 이 유전자 변형 작물을 사용하면 반드시 표시를 해야 합니다. 하지만 막상 슈퍼마켓에 가면 유전자 변형 작물을 주원료로 제조한 식품은 거의 보이지 않습니다.

그뿐만 아니라 식품과 관련된 각종 사건 · 사고가 발생하면서 매일 먹는 식품의 '안전'과 '안심'을 둘러싼 세간의 관심이 뜨거워지자, 홋카이도를 비롯한 일부 지자체처럼 독자적으로 안전 · 안심 조례를 시행하는 곳도 있습니다. 또한 전 세계에서 실시한 다양한 설문조사에서도 '유전자'에 대해 거부감을 느끼거나 미심쩍은 눈으로 보는 사람이 그렇지 않은 사람보다 훨씬 많다는 것을 알 수 있습니다. 예를 들면 유전자 변형 식품은 무조건 거르는 사람도 있고, 고급 천연 콜라겐을 첨가한 음식이나 화장품에만 효능이 있다고 생각하는 사람도 있어요. 유전자가 변형된 식품 따위는 먹고 싶지 않다는 사람이 있는가 하면, '유전'이라는 말에만 집중해 유전자 변형 식품이 자기 유전자에 안 좋은 영향을 미치고, 그 영향이 자손에게까지 대물림된다고 걱정하는 사람도 있지요. 심지어 잔류 농약이나 식품 첨가물이 암을 일으키는 원인이라고 생각하거나, 광우병(BSE, 소해면상뇌증)을 지나치게 경계하는 사람도 많습니다. 이와는 대조적으로 무농약 채소나 유기농 채소의 안전성에 대한 신뢰는 과히 절대적이에요.

유전자를 무조건 오해하고 거부하는 사람들에게 가장 필요한 것은 '유전자'와 '단백질'에 대한 기본적인 이해와 '과학적 사고력'입니다. 관련 지식을 얻으면 앞서 언급한 문제들은 그 자리에서 해결될 거예요.

그리고 또 한 가지, 식품 외에 우리가 오해하고 있는 분야가 있습니다. 혹시 여러분도 혈액형이 성격이나 행동, 사고 유형에 영향을 미친다고 믿나요? 실제로 혈액형이 성격이나 기질에 영향을 미친다는 과학적 증거는 어디에도 없습니다. 이런 오해를 풀기 위해서는 먼저 혈액형이란 무엇인지, 혈액형을 결정하는 유전자의 구조는 어떠하며 기능은 무엇인지 알아야 합니다. 유전자를 이해하면 항간에 떠도는 소문이 만들어 낸 많은 오해들을 풀 수 있습니다. 책을 읽으면 알겠지만, 사실 '유전자'는 그렇게 어렵고 복잡한 존재가 아니랍니다.

이 책에는 유전자와 비슷한 의미로 '게놈(genome)'과 'DNA(데옥시리보 핵산)'라는 용어가 계속 등장합니다. 비슷해서 헷갈리고 이해하기 어려운 용어들이지만, 의미를 알고 나면 생명 유지 시스템의 원리를 이해했다고 말할 수 있을 만큼 중요한 개념입니다.

'방사능' 사고에 제대로 대처하려면 우선 방사선이나 방사성 물질과 같은 기본 용어를 정확하게 이해하고, 자연 방사선과 비교, 검토하는 자세가 필요합니다. 유전자 변형 식품을 이해할 때도 마찬가지입니다. '유전자'와 같은 기본 용어를 정확하게 이해하고, 기존에 활용했던 품종 개량 방법과 비교해서 무엇이 다른지, 얼마나 위험한지 검토해야 하지요. 그래서 이 책은 기본 용어를 정확히 이해하는 것과 기존 기술 및 현상과 비교 검토하는 것을 목표로 합니다.

서장에는 이 책에 등장하는 기본 용어를 간단히 정리했습니다. 이해가 어려운 부분이 있다면 서장을 펼쳐 보길 바랍니다. 1장에서는 생명 과학의 기초 개념을 설명해 유전자를 비롯한 기본 용어의 이해를 돕고, 2장에서는 바이오테크놀로지의 기초부터 응용까지 다루며 더 깊게 파고들 것입니다. 특히 가장 기본적인 용어인 '게놈'과 '유전자'에 관해서는 장마다 꼼꼼히 다룰 거예요. 만약 1장이 어려워서 이해하기 힘들다면 일단 건너뛰어도 좋으니 포기하지 말고 끝까지 읽기를 바랍니다.

참고로 1장에 제시한 염기 서열과 아미노산 서열은 일본 'DDBJ(DNA Data Bank of Japan)'에서 제공하는 'DDBJ/EMBL/GenBank 국제 염기 서열 데이터베이스'에서 인용하였으며 존칭은 모두 생략했습니다.

이 책의 구판인 『알기 쉬운 바이오테크놀로지(やさしいバイオテクノロジー)』는 제가 구레 공업 고등전문학교에서 맡았던 수업을 정리한 홈페이지 내용을 바탕으로 하고 있습니다. 이 사이트를 본 편집자 나카우 분토쿠(中右文德) 씨의 연락을 계기로 세상에 나올 수 있었지요. 또, 멋진 삽화를 그려준 일러스트레이터 이와사키 마사시 씨 덕분에 재미있는 책이 완성되었습니다. 이 책에는 학생들의 질문에 답하면서 알게 된 내용이 새롭게 추가되었습니다. 적극적으로 질문해 준 학생들에게도 고마운 마음을 전합니다. 좋은 기회를 준 편집부

와 저번과 마찬가지로 조사와 사진 촬영 등 여러 방면에서 도와준 나의 아내 구리코에게도 감사를 전합니다.

아시다 요시유키

목차

2장 바이오테크놀로지

기본 용어 해설

평소 유전자 변형 식품에 대해 어떻게 생각하고 있었나요? 우선 다음 질문에 답해 보고 이 책을 이해하는 데 필요한 기본 용어를 살펴보도록 합시다.

유전자 변형 식품에 관한 의식 조사

매년 첫 수업 시간, '유전자 변형 식품에 관한 의식 조사'라는 제목의 설문지를 학생들에게 나누어주고 다음에 나올 열 가지 질문에 답을 적도록 했습니다. 설문에 사용한 문항은 책이나 인터넷을 참고해서 쓸 만한 글을 메모해 두었다가 수정을 거쳐 만들었습니다.

직접 체크해 보고 '맞다(그렇다)'라고 체크한 문항이 몇 개인지 세어 보세요. 참고로 학생들이 '맞다(그렇다)'라고 선택한 문항의 수는 매년 4개~6개에 집중되어 있습니다. 과거 평균치를 보면 ○가 비교적 많았던 문항은 ④번(60%), ⑦번(88%), ⑧번(61%), 그리고 ⑨번(58%)이었습니다.

결과에서 알 수 있듯이 사람들은 일반적으로 유전자 변형 식품을 선호하지 않습니다. 슈퍼에 가면 '비유전자 변형'이라고 쓰인 식품을 쉽게 볼 수 있고, 유전자 변형 옥수수를 사료로 쓰지 않았다고 홍보하는 우유나 달걀도 있습니다. 또한 유전자 변형 식품 관련 뉴스가 등장하면 늘 제초제나 항생 물질 같은 단어가 따라 나오지요. 생물 다양성을 해친다거나 자연의 섭리를 거스른다고 말하고, 심지어 '유전자 오염'이라는 단어도 등장했습니다. 이런 상황이다 보니 유전자 변형 식품은 먹으면 안 된다고 생각하는 것이 어쩌면 당연한 듯 보입니다.

* * *

여러분의 ○는 몇 개인가요? 믿기 힘들겠지만, 이 책을 끝까지 읽고 나면, 추가 질문을 제외하고 ○에 표시할 문항은 하나도 없을 것입니다.

유전자 변형 식품에 관한 의식 조사

아래의 질문을 읽고 '맞다(그렇다)'라고 생각하면 ○, '아니다(그렇지 않다)'라고 생각하면 ×로 답하세요.

① 나는 유전자 변형 식품을 먹어본 적이 없다.
② 시중에서 판매하는 유전자 변형 식품 중에는 항생 물질이 포함된 것이 있다.
③ 시중에서 판매하는 유전자 변형 식품 중에는 제초제가 포함된 것이 있다.
④ 유전자 변형 식품 중에는 곤충을 죽이는 독소를 만드는 것이 있다. 이 채소를 먹으면 벌레가 죽는 것처럼 우리 몸에도 해를 끼친다.
⑤ 유전자 변형 기술을 사용하면 어떤 유전자든 조작할 수 있다. 예를 들어 동물의 다리를 만드는 유전자를 채소에 집어넣으면 채소에 다리가 생겨 밭에서 도망치는 일이 벌어진다.
⑥ 토마토 유전자에 파리 유전자를 넣어서 잘 썩지 않는 토마토를 만들었다고 하자. 당신은 이 토마토를 먹을 수 있는가?
⑦ 어떤 식물이라도 죽일 수 있는 강력한 제초제에 내성을 가진 유전자 변형 작물이 있다. 그 채소를 먹으면 우리는 강력한 제초제를 먹게 되고, 잔류 농약은 당연히 우리 몸에 해를 끼친다.
⑧ 일반적으로 우리가 먹는 식품은 위험성이 없고 안전하지만, 유전자 변형 식품은 안전하지 않다.
⑨ 유전자 변형 식품처럼 인위적으로 만든 식품을 먹는 것 자체가 이상하다. 식품은 자연에서 나는 것이 좋다.
⑩ 유전자 변형 식품은 완벽하게 안전하다.

추가: 유전자 변형 콩을 95퍼센트 함유한 두부가 출시됐다. 당신은 이 제품을 먹겠는가?

기본 용어 해설 - DNA, 유전자, 게놈

이 책에서는 'DNA(데옥시리보 핵산)'와 '유전자', '게놈'이라는 용어를 자주 사용합니다. 우선 이 세 용어부터 간단히 짚고 넘어가도록 합시다.

모든 생물의 기본 구조는 '세포'입니다. 여기서는 세포를 구성하는 기본 물질 중 DNA와 '단백질'에 관해서만 설명할 것입니다. 당질이나 지질은 등장하지 않아요. DNA는 유전자의 본체이며, 유전자는 단백질의 설계도라고 할 수 있습니다. 부모에게서 자식으로, 세포에서 세포로 이어지는 정보를 전달하는 것이 DNA 분자입니다.

DNA는 네 가지의 '염기', 즉 아데닌(Adenine), 구아닌(Guanine), 사이토신(Cytosine), 티민(Thymine)이라는 화합물이 연결된 화학 물질의 이름입니다. 이 네 가지 염기가 나열된 순서와 길이, 즉 '염기 서열'에 따라서 다양한 구조의 화합물이 생성되지요. '유전 정보'란 이와 같은 DNA의 염기 서열을 의미합니다. 또한 단백질은 아미노산이 연결된 화합물의 이름이며, 생물 작용의 많은 부분을 담당합니다. 유전 정보 중에서 아미노산의 정보를 'RNA(리보핵산)'에 옮겨(전사) 단백질의 '아미노산 서열'을 결정하는 부분이 바로, 유전자입니다.

좀 더 구체적으로 인간을 예로 들어 살펴볼까요? 인간의 세포 하나에 포함된 DNA 분자의 길이는 염기 30억 개분에 달합니다(실제로는 두 세트임을 잊지 마세요). 이 DNA 분자 안에 2만 개를 훌쩍 넘는 다양한 길이의 유전자가 자리 잡고 있습니다. 약 30억 개의 염기가 만든 염기 서열이 바로 유전 정보이자 '인간 게놈'입니다. 다시 말해 한 생물을 구성하는 데 필요한 모든 유전 정보를 통틀어 '게놈(genome)'이라고 하며, 그 안에 2만 개 이상의 유전자가 포함되어 있습니다. 인간은 약 60조 개의 세포로 이루어졌으며 모든 세포는 원칙적으로 같은 게놈을 가지고 있습니다.

[그림 0-1] 중요한 기본 용어

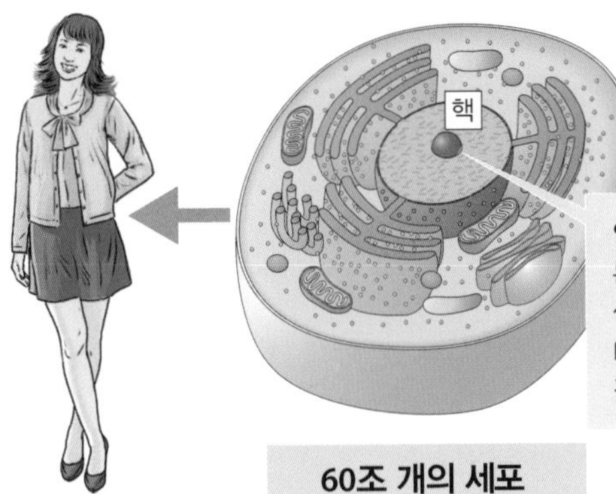

인간 세포핵 게놈의 화학적 본체는 약 30억 개의 염기쌍으로 이루어진 DNA이며, DNA 안에 2만 개 이상의 유전자가 들어 있다.

60조 개의 세포

DNA	데옥시리보 핵산. 네 가지 염기(A, G, C, T)의 연결로 구성된다. 이때 염기의 연결 순서와 길이는 다양하며 유전자나 게놈의 화학적 본체이다. 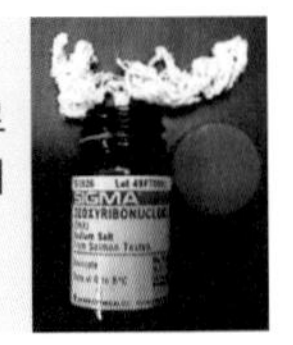
유전 정보	염기(A, G, C, T)의 배열 방식, 즉 염기 서열
유전자	DNA 분자의 기능적 단위. 유전자에 단백질 아미노산이 연결되는 순서가 저장되어 있다. 약 2만 개 이상 인간의 유전자 위치가 밝혀졌다.
게놈	하나의 생물을 구성하는 데 필요한 DNA 염기 서열 전체. 인간 게놈에 약 30억 개 염기로 이루어진 유전 정보가 들어 있고, 그 안에 2만 개 이상의 유전자가 포함되어 있다.
단백질	20가지의 아미노산이 연결된 분자. 아미노산의 연결 순서와 길이에 관한 정보는 유전자 속에 저장되어 있다. 생물 작용의 많은 부분을 담당한다.

처음부터 어려운 이야기가 나왔습니다만, 지금은 다 이해하지 못해도 괜찮습니다.

요즘은 나아졌지만, 아직도 '유전자'라는 단어가 질병이나 유전자 변형 식품을 떠올리게 한다며 거부감을 느끼는 사람들이 있습니다. 이는 '유전자'를 정확히 이해하지 못했기 때문이라고 생각해요.

확실히 유전자는 명확하게 설명하기 어려운 단어입니다. 단어 자체는 어느 정도 알고 있지만 막상 뚜렷하게 떠오르는 이미지는 없습니다.

사실 역사적으로 봐도 유전자라는 용어는 생긴 지 그리 오래되지 않았습니다. 찰스 다윈(Charles Robert Darwin)이나 그레고어 멘델(Gregor Johann Mendel) 시대에는 극히 일부가 발견되었을 뿐 유전자라는 용어는 존재하지 않았습니다. 1869년에서야 프리드리히 미셰르(Johannes Friedrich Miescher)가 처음으로 고름에서 DNA라는 물질을 발견했지요. 하지만 이때도 아직 DNA의 구조나 역할에 대해서는 알지 못했습니다. 그러던 1909년, 빌헬름 요한센(Wilhelm Ludwig Johannsen)이 멘델이 발견한 인자를 '유전자'라고 부르자고 제안했습니다.

후에 DNA와 유전자에 관한 연구가 거듭되어 1953년에 제임스 왓슨(James Dewey Watson)과 프랜시스 크릭(Francis Crick)이 DNA의 '이중 나선 구조' 모델을 처음으로 밝혀냈습니다. 이 시기에 이르러서야 겨우 생명을 구성하는 기본적인 물질의 구조와 역할이 조금씩 드러나기 시작한 것이지요.

말이란 항상 변합니다. 유전자라는 단어도 처음 등장한 때부터 지금까지 쓰임새가 계속 변해왔습니다. 지금 우리가 가지고 있는 유전자에 대한 공통된 인식도 영원하리라는 보장이 없습니다. 어쩌면 그리 머지않은 미래에 변할지도 모르는 일입니다.

유전자 변형 식품 따위는 먹기 싫다고 생각하는 사람이 많을 것입니다. 유전자에 관해 나쁜 인상을 갖고 있는 사람이라면 당연히 이런 식품을 먹는 일이 반가울 리 없겠지만, 그런 생각이 드는 이유가 혹시 유전자와 생명을 동일시하고 있어서는 아닐까요?

그런 생각을 한다면 유전자를 조작하는 것이 생명의 기본 설계를 조작한다는 의미로 들릴 테니 당연히 말도 안 되는 일일 것입니다. 하지만 사실 유전자는 그렇게 심오한 존재가 아니랍니다.

감히 유전자를 건드리다니 무엄하다고 말하는 사람이 있을지도 모르겠습니다만, 사실 우리가 평소에 먹는 농작물은 야생 식물에 인간이 손을 대서 만들어 낸 '작품'입니다. 소나 돼지, 닭과 같은 가축 역시 인간이 야생 동물의 유전자에 개입해서 인위적으로 만든 동물이지요. 반려동물로 많이 키우는 개는 어떨까요? 종이 아주 다양한 개도 모두 인간이 개의 조상인 늑대의 유전자를 여러 방법으로 조작해 만든 인간의 '작품'입니다.

물론 그렇다고 해서 유전자 재조합(변형) 기술을 마음대로 사용해도 된다는 말은 아니니 오해하지 않길 바랍니다. 단지 좁은 의미만 보고 유전자 변형(재조합) 기술을 무조건 거부하기보다는 과거와 현재의 기술 차이를 제대로 파악한 뒤에 양쪽을 잘 비교해 안정성을 고려해 주길 바랄 뿐이에요. 유전자는 절대 조작하면 안 된다고 생각한다면 채소와 가축, 반려동물이 설 자리는 없는 것과 마찬가지입니다.

인터넷에서 '유전자 변형'이나 '유전자 조작을' 검색하면 이 기술을 적극적으로 반대하는 사람들이 만든 자료를 볼 수 있습니다. 그중에는 똑같이 유전자가 변한다고 해도 재조합(변형) 기술과 기존의 교배 기술은 전혀 다른 것이니 서로 비교할 수 없다고 주장하는 의견도 있어요. 교배는 자연적으로 발생하는 일이지만, 유전자 조작 기술은 완전히 인공적이기 때문이라는 것이 그들의 의견입니다.

유전자 변형 식품을 배척하는 사람들이 만든 글을 읽다 보면 원래 '게놈'이라는 용어를 썼어야 할 부분에 '유전자'를 쓴 실수를 자주 발견할 수 있습니다. 솔직히 말하면 단순 실수가 아니라 두 용어를 혼동하고 있는 것 같습니다. 용어의 혼동에서 오는 오해로 인해 유전자 변형 식품을 반대하는 논거가 무너짐에도 그 사실을 깨닫지 못하고 있다는 생각이 듭니다. 마치 '방사성 물질'과 '방사선', '방사능'을 구별하지 않고 모두 '방사능'으로 이해하는 것처럼

'게놈'과 'DNA', '유전자'를 전부 '유전자'로 표현합니다. 물론 '게놈'이 '유전자'에 비해 바로 와 닿지 않는, 덜 친숙한 용어이기는 하지만, 용어의 정의와 개념을 이해하고 '유전자'와 구별하는 일은 생각보다 중요합니다. 바이오테크놀로지를 이해하는 강력한 무기가 되기 때문입니다.

유전자와 게놈을 이해하려면 조금 번거롭더라도 분자의 세계부터 먼저 이해해야 합니다. 물과 단백질은 화학 물질입니다. 살아있는 동안에도, 죽은 후에도 인간이 물과 단백질로 만들어진 화학 물질 덩어리라는 사실은 변하지 않아요. 인간뿐만 아니라 모든 생물에게 물은 필수 불가결한 공통의 화학 물질입니다. 단백질과 '핵산(DNA와 RNA)'도 마찬가지지요. 인간은 다른 생물을 먹이로 삼고 살아갑니다. 이는 인간과 먹이가 되는 생물도 같은 화학 물질로 이루어졌기 때문에 가능한 일이에요. 인간만 특별한 물질로 만들어진 것이 아니며, 따라서 인간도 다른 생물의 먹이가 될 수 있습니다.

분자 수준으로 생물을 보면 관점이 달라집니다. 당연한 말이라고 생각할지도 모르겠습니다. 혹시 지금까지 유전자 변형 식품을 싫어하거나 혈액형이 성격과 사고 유형에 영향을 미친다고 생각했나요? 그렇다면 당연해 보이는 이 관점으로 다시 생각해 보길 바랍니다. 동시에 오해도 풀리길 바랍니다.

생명 과학의 기초

1장에서는 주로 '게놈'과 '유전자'를 중심으로 생명의 기본 체계를 설명할 것입니다. 생명이란 무엇이며, 유전된다는 말은 어떤 의미인지 파헤쳐 봅시다.

1-1 거시 생물학 – 생물이란 무엇인가?

생명이란 무엇일까?

지금부터 유전자를 키워드로 생물을 파헤쳐 보는 여행을 시작합시다. 우선 생물이란 무엇인지부터 생각해 보지요.

누군가 여러분에게 '생명이란 무엇인가?'라고 묻는다면 어떻게 대답할 건가요? 그보다 먼저, 생명이 있는 것과 없는 것을 구별할 수 있나요? 인간과 개, 바퀴벌레, 민들레는 두말할 필요 없이 생물로 분류됩니다. 이유를 물으면 명쾌하게 대답하지 못해도, 인간과 개를 생물로 분류하지 않을 사람은 없겠지요. 마찬가지로 컴퓨터, 로봇, 건물을 생물로 분류하는 사람은 없을 것입니다. 하지만 둘 다 화학이나 물리의 세계에서 사용하는 공통의 '원소'로 이루어져 있어요. 생물만이 가진 원소나 에너지, 힘이 따로 존재하는 것은 아닙니다. 그렇다면 생물과 무생물은 구별하는 기준은 무엇일까요? 또 그 경계선은 어디까지일까요?

결론부터 말하자면 정확한 정의는 없습니다. 사실 생물학자들도 생물이란 무엇인지 명확한 정의를 내리지 않고 연구하기도 해요. 이렇게 말하면 생물학이 어딘지 어설픈 학문처럼 느껴지겠지만 사실이니 어쩔 수 없습니다.

생물의 3대 특징

'생물은 무엇이다'라고 정의 내릴 수 없지만 생물의 특징은 설명할 수 있습니다.

우선 첫 번째 특징은 모든 생물이 '세포'로 이루어져 있다는 점입니다. 지구상에는 세포 하나로 이루어진 '단세포 생물'부터 다수의 세포 덩어리로 존재하는 '다세포 생물'까지, 다양한 크기의 생물이 있습니다. 그리고 생명은 물속에서 탄생했다고도 알려져 있어요.

[그림 1-1] 생물을 구성하는 원소

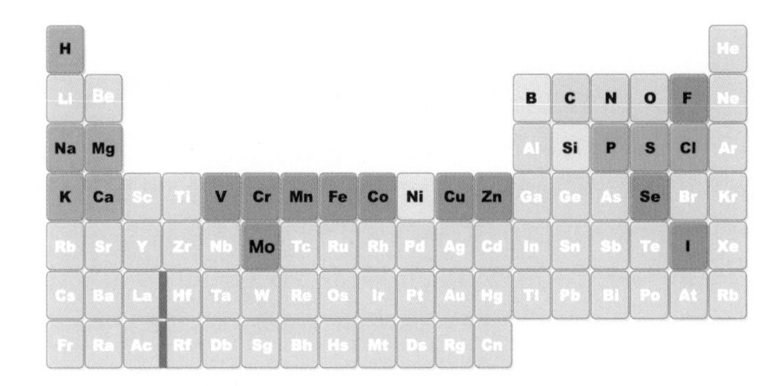

생물과 무생물을 구성하는 원소는 같아요. 생물에만 존재하는 특수한 원소는 없고, 생물만이 가진 에너지나 힘도 없지요.

그래서인지 생물은 물에 녹는 다양한 물질로 구성되어 있습니다. 하지만 물에 녹는 물질이 넓은 바다에 그저 녹아있기만 해서는 구조물이 만들어지지 않습니다. 물에 녹지 않는 물질이 칸막이 역할을 해 주어야 물에 녹는 물질을 안에 가두어 놓을 수 있습니다. 이 칸막이가 바로 세포막의 기원입니다. 쉽게 말해 세포는 물에 녹지 않는 막으로 나누어진 구조물이에요.

생물의 두 번째 특징은 세포 내부에서 또는 세포 간에 화학 반응을 일으키고, 물질과 에너지가 이동하는 시스템을 가지고 있다는 점입니다. 이 시스템을 '물질대사'라고 해요. 인간의 체온은 대략 37도 정도로 일정하게 유지됩니다. 이 성질을 항상성(homeostasis)이라고 하는데, 이를 유지하기 위해 막대한 에너지가 필요합니다. 그래서 인간은 식사로 섭취한 영양물과 호흡으로 흡수한 산소를 이용해 에너지를 생성하지요. 살아있는 세포는 누가 명령하지 않아도 계속해서 대사 활동을 합니다. 심장이 멈추고 호흡이 멎으면 몸이 차갑게 식지요? 바로 대사 활동이 멈췄기 때문입니다.

생물의 세 번째 특징은 스스로 자신을 복제한다는 점입니다. 이 특징을 '자기 복제'라고 해요. 쉽게 말해 대장균이 분열하거나 인간의 세포가 분열하고, 인간이 아이를 낳는 행위가 자기 복제입니다. 이때 유전 정보가 복제되어 자손에게 전달되는데 이 유전 정보의 화학적 본체가 바로 DNA입니다. 분열된 세포나 부모에게서 태어난 자식은 전체 유전 정보인 게놈을 물려받습니다.

반면 세포보다 훨씬 구조가 단순한 '바이러스'는 대사 기능이 없어 숙주 세포 밖에서는 증식하지 못합니다. 다시 말해 바이러스는 생물의 3대 특징을 갖추지 못했기 때문에 일반적인 생물의 범주에 들어가지 못하지요. 바이러스에 관한 자세한 설명은 33쪽의 칼럼 '세균과 바이러스'를 참고하세요.

[그림 1-2] 생물의 3대 특징

1. 세포: 세포막으로 구분된 구조물

2. 대사 기능: 에너지 대사나 물질대사를 통해 항상성(homeostasis)을 유지한다.

3. 자기 복제 기능: 세포 분열을 통해 독립적으로 세포를 복제하거나, 부모에게서 자식에게 유전 정보가 자율적으로 전달된다.

[그림 1-3] 생물의 3대 특징을 갖추지 못한 바이러스

1. 세포가 없다: 단백질과 핵산 덩어리

2. 대사 기능이 없다: 숙주 세포에 완전히 의존한다.

3. 자기 복제 기능이 없다: 자기 복제는 숙주 세포에 의존한다.

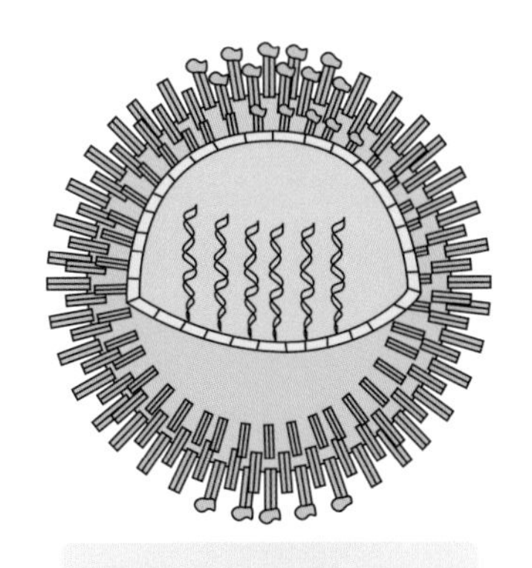

바이러스는 분자의 집합체이며 입자로 되어 있어서 결정화가 가능하다.

생물의 분류 – 세포 기준

앞에서 언급한 생물의 3대 특징 중 세포에 대해서 조금 더 자세히 알아봅시다. 이미 설명했듯이 모든 생물은 세포로 이루어져 있으며 단세포 생물 또는 다세포 생물 중 하나입니다. 또한 모든 세포는 '원핵 세포'와 '진핵 세포'로 나눌 수 있어요.

원핵 세포에는 핵막이 없습니다. 즉, 핵이 없다는 말입니다. 그래서 원핵 생물은 모두 단세포 생물이며, 대표적으로 세균과 남조류가 여기에 속합니다. 둘 다 '세포막' 바깥쪽에 있는 '세포벽'이라는 단단한 막으로 몸을 보호하며 단 하나의 세포로 살아갑니다. 하나의 세포로 모든 일을 처리한다는 점에서 보면 원핵생물은 매우 발달한 생물이라고 할 수 있어요. 흔히 세균을 두고 '원시적 생물'이라고들 하지만, 사실 인간의 세포보다 뛰어난 기능도 많이 가지고 있습니다.

한편 진핵 세포 안에는 핵막에 쌓여있는 '핵'이라는 구조물이 있습니다. 진핵생물은 대부분 다세포 생물이며, 대표적으로 균류, 식물, 동물이 있어요. 식물 세포와 동물 세포 속에는 에너지 대사를 담당하는 소기관 '미토콘드리아'가 있으며, 식물 세포 속에는 광합성을 하는 '엽록체'가 있습니다. 미토콘드리아와 엽록체는 세균과 비슷한 성질을 가졌는데, 그 이유는 진화 과정에서 진핵 세포의 조상과 원핵 세포가 '공생'을 했기 때문으로 추정됩니다. 이 외에도 진핵 세포에는 '소포체', '골지체', '리보솜' 등의 구조물이 있으며 저마다 고유한 기능을 가지고 있습니다. 그 외에도 다양한 세포 내 소기관이 있지만 이 책에서는 다루지 않았습니다.

지금까지 세포의 대분류와 특징을 살펴보았습니다. 어느 정도 이해했으면 다음은 지구상에 존재하는 다양한 종류의 생물을 분류해 보도록 합시다.

[그림 1-4] 세포 관점에서 본 생물의 분류

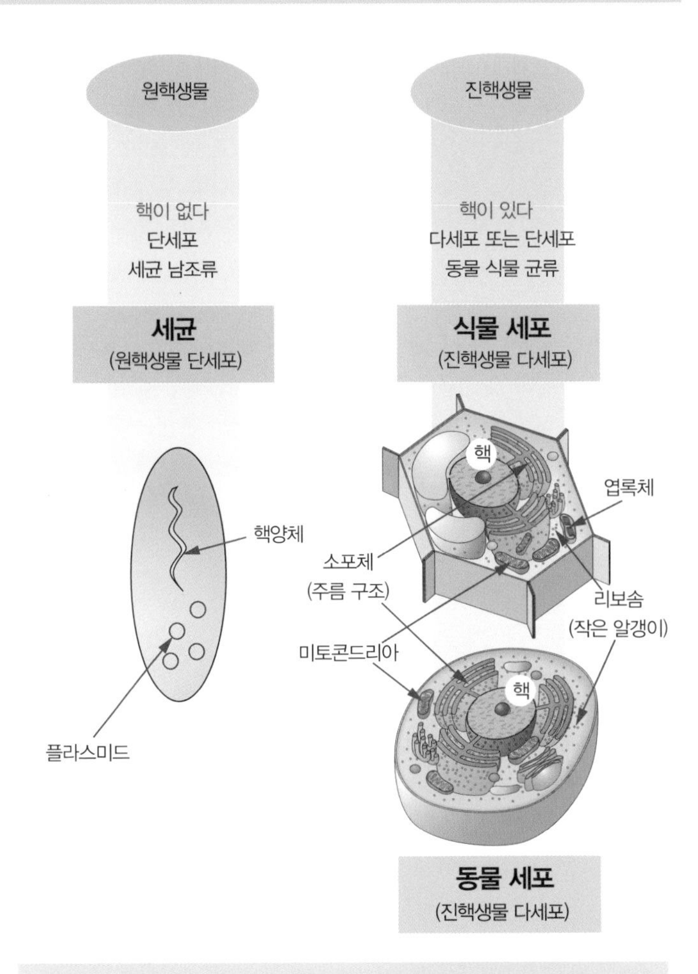

세포는 물에 녹지 않는 막으로 구분된 구조물이며 세포 속에는 다양한 세포 내 소기관이 있다. 이 책에는 세포 소기관 중 핵, 리보솜, 소포체, 미토콘드리아, 엽록체가 등장한다.

종이란 무엇일까?

생물을 분류하는 가장 기본적인 단위는 '종(species)'입니다. 생물 명명법상의 한 단계이기도 하지요. 그런데 사실 종의 정의도 명확하지는 않습니다만, 예를 들어 설명할 수는 있습니다. 일반적으로는 '생물학적으로 봤을 때 서로 교배할 수 있고 그 자손이 같은 집단 안에서 다시 교배할 수 있으며, 다른 집단과 생식적으로 독립, 격리되어 자연스럽게 생성된 집단'을 '종'이라고 여깁니다. 하지만 생물은 생식을 통해서만 번식하는 것이 아닙니다. 그래서 이 설명은 예외가 너무 많기 때문에 그다지 좋은 평가를 받지 못합니다.

효과적으로 설명할 방법이 없으니, 설명 대신 구체적인 예를 들어 볼까요? 반려동물인 개는 다양한 견종이 있고 모든 견종은 서로 교배할 수 있습니다. 그러므로 작은 개든 큰 개든 모두 같은 종입니다. 또한 가축인 돼지는 야생동물인 멧돼지에서 만들어진 종입니다. 멧돼지와 돼지를 교잡*하면 잡종 돼지가 태어납니다. 잡종 돼지는 생식 능력이 있으며 잡종 돼지, 멧돼지, 일반 돼지와 모두 교잡할 수 있고, 이 사이에서도 생식 능력을 갖춘 자손이 태어납니다. 따라서 멧돼지와 돼지는 같은 종이라 할 수 있어요.

반면 말과 당나귀를 교잡하면 양쪽의 중간 성질을 가진 노새가 태어납니다. 하지만 노새는 생식 능력이 없어서 대를 이을 수 없습니다. 따라서 말과 당나귀는 다른 종입니다. 브로콜리, 양배추, 콜리플라워, 케일은 모두 야생 유채과 식물에서 만들어진 채소로 모양은 서로 다르지만 같은 종이고, 다른 야생 유채를 이용해서 만들어진 배추, 소송채, 갓, 노자와나, 경수채도 서로 같은 종입니다.

* 역주: 유전적 조성이 다른 개체 사이의 교배

[그림 1-5] 종별 특징

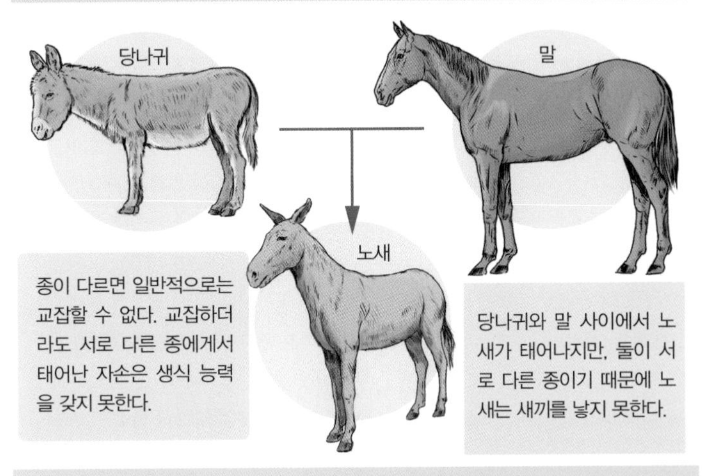

[그림 1-6] 동일 종은 교배할 수 있으며 태어난 자손도 생식 능력이 있다.

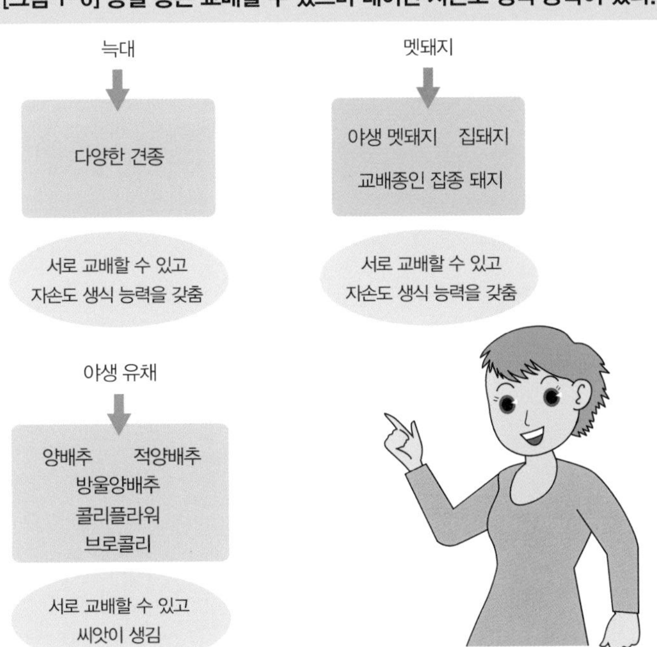

생물의 분류 – 개체 기준

현재 지구상에 사는 생물종은 얼마나 될까요? 이 질문에 대한 대답도 연구자마다 크게 다릅니다. 무려 수천 종에서 수억 종까지 벌어지기도 하지요. 하지만 그중 대부분은 종으로 기재되지 못한 미지의 생물입니다. 현재 종으로 기재된 생물은 약 150만 종뿐이며 그중 동물이 약 100만 종, 식물이 약 30만 종에 달합니다. 또한 동물 중에는 곤충이 70만 종으로 가장 많고 포유류는 5,000종 정도에요. 참고로 지금까지 지구상에 출현한 모든 생물은 10조 종에 달한다고 합니다.

지금부터 생물종을 분류하는 방법을 간단히 살펴봅시다. 우선 생물의 형태적 특징을 보고 비슷한 종끼리 묶은 그룹을 속이라 합니다. 그다음 과, 목, 강, 문, 계로 묶어 분류하는 방법이 있어요. 분류된 생물에는 '학명'이 있고, 학명은 속명과 종명을 합쳐 이탤릭체로 표기합니다. 예를 들면 사람의 학명은 호모 사피엔스(*Homo sapiens*)입니다.

현재는 생물의 형태를 분류의 기준으로 삼고 구분하고 있습니다. 아직 모든 사람이 인정할 수 있는 보편적인 생물의 분류 방법은 없어요. 하지만 앞으로는 게놈 속 유전 정보를 이용해서 생물을 분류할 수 있을지도 모릅니다. 지금은 식물을 겉씨식물인지 속씨식물인지로 크게 나누고, 다시 속씨식물이 발아할 때 나오는 떡잎의 수로 외떡잎식물과 쌍떡잎식물을 분류합니다. 하지만 최근 식물이 가진 엽록체 게놈 속 유전 정보 분석 결과를 기준으로 삼은 분류법이 등장했습니다. 분석 결과 떡잎의 수는 근본적인 분류 기준이 될 수 없다는 사실이 밝혀졌어요. 어쩌면 유전 정보 자체를 분류에 이용할 수 있을지도 모르겠습니다. 다만 아직 유전 정보를 어떻게 활용해야 종을 분류할 수 있을지에 관한 획기적인 아이디어가 없는 상황입니다.

[그림 1–7] 생물의 형태를 기준으로 분류하는 방법

종	사람	*sapiens*
속	사람속	*Home*
과	사람과	*Hominidae*
목	영장목	*Primates*
강	포유동물강	*Mammalia*
문	척삭동물문	*Chordata*
계	동물계	*Animalia*

학명: 속명에 종명을 붙여 정한다.

사람
Home sapiens

[그림 1–8] 생물의 주요 5계

계	종류
동물계	척삭동물, 절지동물, 연체동물 등
식물계	속씨식물, 겉씨식물, 양치식물, 이끼식물 등
균계	자낭균류, 담자균류, 접합균류 등
원생생물계	조류, 원생동물 등
원핵생물계	세균류, 남조류, 고세균 등

지구의 생물과 생물의 진화

지구상에 있는 다양한 생물은 어떻게 탄생했을까요? 생물은 생물의 몸에서 태어나고 새로운 종도 '진화'를 통해서 탄생한다는 사실은 이제 이론의 범주를 벗어나 누구나 아는 상식이 되었습니다.

종은 고정되어 있지 않습니다. 시간이 충분히 지나면 '돌연변이'가 생겨 집단 전체, 또는 일부가 변하고 새로운 종이 탄생하기도 합니다. 새로운 종이 살아남을 수 있을지는 '자연 선택'에 달렸는데, 이것이 진화입니다. 38억 년 전 지구에 생명이 탄생한 이후, 현재까지 다양한 생물종이 진화를 거듭했습니다. 진화 도중 멸종한 종이 현재까지 살아남은 종의 수보다 훨씬 많아서 과거 지구상에 서식했던 종의 99.99퍼센트는 이미 멸종했다는 주장도 있어요. 멸종한 생물의 수와 비교하면 지금까지 다양하다고 생각했던 현존하는 생물종의 수가 얼마나 적은지 실감할 수 있습니다. 그중에는 인간이 멸종시킨 종도 적지 않습니다.

시간을 거슬러 올라가 봅시다. 생물은 생물에게서만 태어날 수 있으니 현재 지구상에 살고 있는 생물에게는 전부 부모가 되는 생물이나 세포가 있었을 것입니다. 그 순서를 따라 거슬러 올라가면 과거로 갈 수 있습니다. 부모의, 부모의, 부모를 거슬러 올라가면 우리는 약 20만 년 전에 살았던 것으로 추정되는 아프리카 소수 민족에게 도달합니다. 아마도 인류의 기원에 해당하는 인간의 피부는 검은색이었을 거예요. 즉, 현재 지구상에 살고 있는 68억 명 모두 아프리카에 살던 선조의 자손이라는 말입니다. 물론 그 선조에게도 부모가 있습니다.

다시 600만 년 전으로 거슬러 올라가면 유인원인 침팬지나 보노보라는 공통의 조상을 만나게 됩니다. 현재 지구상에 살고 있는 모든 침팬지와 보노보, 그리고 사람은 그들의 후손이에요. 여기서 더 거슬러 올라가면 한 번도 끊기지 않고 38억 년 전에 도달할 수 있습니다. 종의 관점에서 보면 현재 지구상에 살고 있는 모든 생물은 38억 살이며 모두 친척입니다. 인류만이 형제일 뿐만 아니라 38억 년을 살아온 모든 생물이 다 친척인 셈이에요.

[그림 1-9] 현재의 생물은 모두 38억 살?

이렇게 주장할 수 있는 이유는 모든 생물이 가지고 있는 게놈과 화학적 본체인 DNA, 그 안에 든 유전 정보인 유전자를 조사해 밝혀냈기 때문입니다. 이제 게놈, DNA, 유전자를 중심으로 유전 정보의 흐름을 살펴보도록 합시다.

진화에 관한 신비한 이야기

진화의 원리를 설명하는 진화론은 19세기에 잇따라 발표되었습니다. 그 중 프랑스 학자 라마르크(Jean Baptiste Pierre Antoine de Monet Lamarck)가 주창한 '용불용설(用不用說)'과 영국 학자 다윈(Charles Robert Darwin)이 주창한 '자연 선택설'이 대립 구도를 보이며 자주 언급됩니다. 라마르크는 1809년에 『동물 철학』을, 다윈은 1859년에 『종의 기원』이라는 저서를 발표했습니다.

라마르크는 획득 형질 유전을 생각해 냈고, 다윈은 그 이론을 부정했다고 설명하는 책이 있지만, 사실 다윈은 획득 형질 유전을 받아들였고 용불용설도 부정하지 않았답니다. 또한 기린의 목을 두고 두 사람을 비교하는 설명도 자주 등장합니다. 하지만 다윈은 『종의 기원』 초판에서 기린의 목에 대해서는 단 한 줄도 언급하지 않았고, 라마르크의 저서에서도 기린의 목에 관한 기술은 고작 한 단락뿐입니다. 심지어 당시에는 기린이 그다지 대중적인 동물도 아니었다고 해요. 기린의 목 이야기는 후세에 사람들이 만들어 낸 이야기일 뿐이었지요.

'살아있는 화석'이라는 단어도 쉽게 오해를 불러일으킵니다. 현재 지구상에 살고 있는 실러캔스와 바퀴벌레, 투구게는 결코 살아있는 화석이 아닙니다. 현재 살아있는 생물은 모두 진화 중이기 때문에 특정 생물의 원형일 수 없고, 영원히 변하지 않는 모습을 간직하는 일은 불가능하기 때문입니다. 투구게나 바퀴벌레, 실러캔스와 같이 현재 살아있는 생물종과 언뜻 비슷해 보이는 화석이 발견되기도 하지만 똑같은 것은 하나도 없습니다. 공룡이 번성했던 시기의 투구게와 현재의 투구게는 형태적으로도 전혀 다른 종입니다. 현재 살아있는 모든 생물종은 모두 똑같이 38억 년이라는 긴 시간의 영향을 받으며 살아왔습니다.

세균과 바이러스

바이러스에는 이 책에서 언급한 '생물의 3대 특징'이 없습니다. 독자적인 대사 기능과 자기 복제 기능이 없고, 무엇보다 세포 구조를 가지지 않아요. 바이러스는 유전자의 본체인 핵산(DNA 또는 RNA)과 그 주위를 감싼 단백질로 구성된 입자로 종류가 매우 다양합니다. 구성 성분인 단백질과 핵산의 소재, 즉 아미노산과 염기의 종류는 생물과 같아요. 바이러스의 단백질도 생물과 똑같이 20가지의 아미노산으로 이루어져 있으며, 핵산도 생물과 같은 염기로 구성되어 있습니다.

한편 '세균'은 미생물이나 병원균으로 불리며 바이러스의 동료로 취급받지만, 세균은 원핵 세포로 된 단세포 생물입니다. 바이러스와 달리 생물의 3대 특징을 갖추고 있고, 생물이기에 이중 가닥 DNA로 된 게놈을 가지고 있습니다. 그런데 바이러스도 게놈에 RNA를 가진 것이 있습니다. DNA와 RNA를 모두 가졌고, 단일 가닥 사슬 타입도, 이중 가닥 사슬 타입도 있습니다. SARS(중증급성호흡기증후군), AIDS(후천성면역결핍증), 독감, 백혈병과 같이 우리에게 익숙한 질병의 원인 바이러스는 모두 RNA 바이러스입니다.

다만 바이러스는 입자 상태로 살 수 없어 숙주가 될 세포가 필요합니다. 숙주 세포에 침입한 바이러스는 바이러스 입자에 필요한 핵산과 단백질을 숙주에게 제공받아 재구축하면서 증식합니다. 이런 바이러스가 선호하는 숙주 세포는 정해져 있습니다.

또한 바이러스는 기본적으로 단백질과 핵산 덩어리입니다. 따라서 간단한 물질이라면 화학 합성만으로 만들 수 있고 화학 물질처럼 결정으로 만들 수도 있어요. 하지만 세포는 인공적으로 만들 수 없지요. 이런 점에서 바이러스와 세균(세포)의 경계를 명확하게 나눌 수 있습니다.

1-2 분자 생물학의 기초와 세포 생물학

DNA

생물을 구성하는 모든 세포에는 DNA라는 화학 물질이 들어 있습니다. 물론 인간을 구성하는 60조 개의 세포 안에도 DNA가 있어요. DNA는 생물을 구성하는 기본적인 물질 중 하나로 반드시 있어야 하는 물질입니다. DNA에는 생물의 설계도라 할 수 있는 유전 정보가 들어 있고, 세포에서 세포로, 부모에게서 자식에게로 이어지는 이 정보는 DNA를 매개로 전달됩니다.

어려운 이야기는 생략하고 우선은 DNA의 존재를 눈으로 확인해 볼까요? 브로콜리를 사용해 음식에서 DNA를 추출하는 간단한 실험을 할 수 있습니다. 인터넷에 '브로콜리'와 'DNA 추출'을 검색하면 자세한 실험 방법을 찾을 수 있어요.

이 책에서는 브로콜리보다 더 짧은 시간에 쉽게 DNA를 추출할 수 있는 바나나를 이용할 것입니다.* 이 방법을 이용하면 집에 있는 간단한 도구만으로도 DNA를 쉽게 눈에 보이는 형태로 추출할 수 있습니다.

우리가 매일 먹는 식품 대부분은 인간을 제외한 다른 생물에서 온 것입니다. 바나나와 같은 과일이나 채소, 곡물, 고기, 달걀 등의 다양한 식재료에도 세포가 있고, 그 안에는 DNA가 포함되어 있습니다. 그리고 DNA 속에는 유전자가 있지요. 즉, 우리는 인간을 제외한 다른 생물의 DNA와 유전자로 만든 식품을 먹고 영양분을 얻습니다. 우리의 식재료가 되어준 생물들에게 고마운 마음을 가져야겠지요.

* 사단법인 농림수산 첨단기술산업 진흥센터에서 작성한 규약을 참고함.

[그림 1-10] 바나나를 이용한 DNA 추출실험

● 준비물

바나나, 소금, 주방 세제, 약국에서 파는 소독용 알코올, 투명한 컵 3개, 티스푼(약 5밀리리터 정도), 계량컵, 머들러, 포크, 커피용 종이필터, 뚜껑이 있는 작고 투명한 유리병, 스포이트

● 방법

우선 컵에 물 150밀리리터와 소금 3티스푼(15그램)을 넣고 머들러로 섞어 10퍼센트 식염수를 만든다. 그다음 바나나 1/3개를 투명한 컵에 넣고 포크로 으깬다.

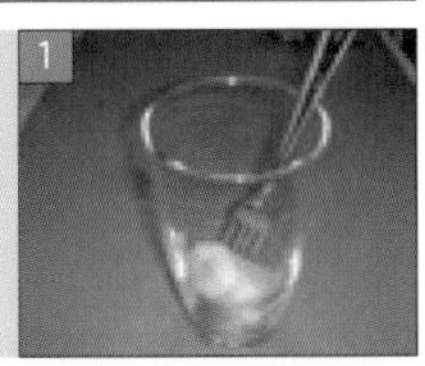

바나나가 든 컵에 10퍼센트 식염수 50밀리리터를 넣고 포크로 잘 섞는다.

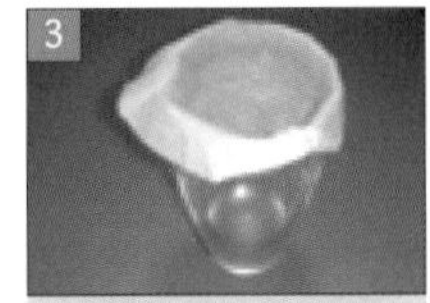

종이 필터를 투명한 새 컵에 올리고 바나나를 섞은 식염수를 부어 거른다.

어느 정도 여과가 되면 필터를 제거하고, 여과액에 식기용 세제를 1티스푼 넣고 천천히 젓는다. 이때 세게 젓지 않도록 주의한다.

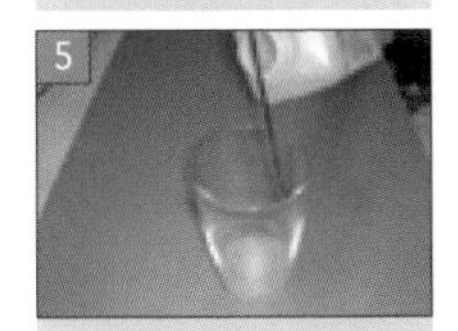

머들러로 여과액 2~3배 정도의 알코올을 컵 옆면을 따라 흐르도록 천천히 붓는다. 이때 섞이지 않도록 주의한다.

5분 정도 지나면 투명한 알코올층(위층)에 하얀 아지랑이가 피어오르는 모습을 볼 수 있는데, 이것이 DNA다.

스포이트를 사용해 알코올과 함께 DNA를 뽑아내 뚜껑이 달린 작은 병에 담아 보관한다. 스포이트 대신 대나무 꼬챙이를 사용해도 좋다.

유전자의 위치

이번에는 유전자가 어디에 있는지 살펴봅시다. 우선 유전자의 화학 물질로서의 본체는 DNA입니다. 유전자는 DNA 속 유전 정보를 RNA라는 핵산에 옮기는 기능적 단위로 DNA 일부라 할 수 있습니다. 즉, DNA가 있는 곳에 유전자도 있다는 말입니다. 그렇다면 DNA는 세포의 어느 부분에 있을까요?

우선 DNA는 진핵 세포의 핵과 원핵 세포의 핵양체 속에 있습니다. 진핵생물의 DNA는 '염색체' 형태로 존재하며, 염색체는 DNA와 DNA 결합 단백질로 이루어진 구조물입니다. 인간의 세포핵 한 개에는 23쌍, 모두 46개의 염색체가 있어요. 염색체 한 개에는 DNA 분자 한 개가 들어 있으며, DNA는 갈라지거나 끊어지지 않은 곧은 사슬 형태를 취하고 있습니다. 인간의 염색체에는 '상염색체(1번~22번)'와 '성염색체(X 또는 Y)'가 있습니다. 상염색체는 쌍으로 존재하며 여성은 XX, 남성은 XY인 성염색체가 더해집니다. 쌍을 이룬 염색체는 어머니와 아버지에게서 각각 한 세트씩 물려받지요.

진핵 세포에는 핵뿐만 아니라 세포 내 소기관인 미토콘드리아와 엽록체도 있습니다. 그리고 동물 세포와 식물 세포의 미토콘드리아에도 DNA가 들어 있어요. 미토콘드리아 한 개에 DNA 분자 한 개가 포함되어 있고, 하나의 세포에는 다수의 미토콘드리아가 존재합니다. 마찬가지로 식물 세포의 엽록체에도 DNA가 있으며 엽록체 한 개에 DNA 분자 한 개가 있습니다. 엽록체 역시 식물 세포 한 개에 다수가 존재합니다.

원핵생물 중에는 플라스미드(plasmids, 핵양체 DNA에 비해 매우 작고 고리 모양을 한 독립적인 DNA)를 가진 것이 있는데, 플라스미드를 가진 세균 내부에는 다수의 복제 플라스미드가 있습니다.

정리하자면, 지금 언급한 모든 DNA 속에 유전자가 들어 있습니다.

[그림 1-11] 유전자의 위치

진핵 세포(핵막 有)의 핵, 미토콘드리아, 엽록체
원핵 세포(핵막 無)의 핵양체, 플라스미드

유전자의 화학적 본체가 DNA이므로 DNA가 있는 곳에 유전자가 있다.

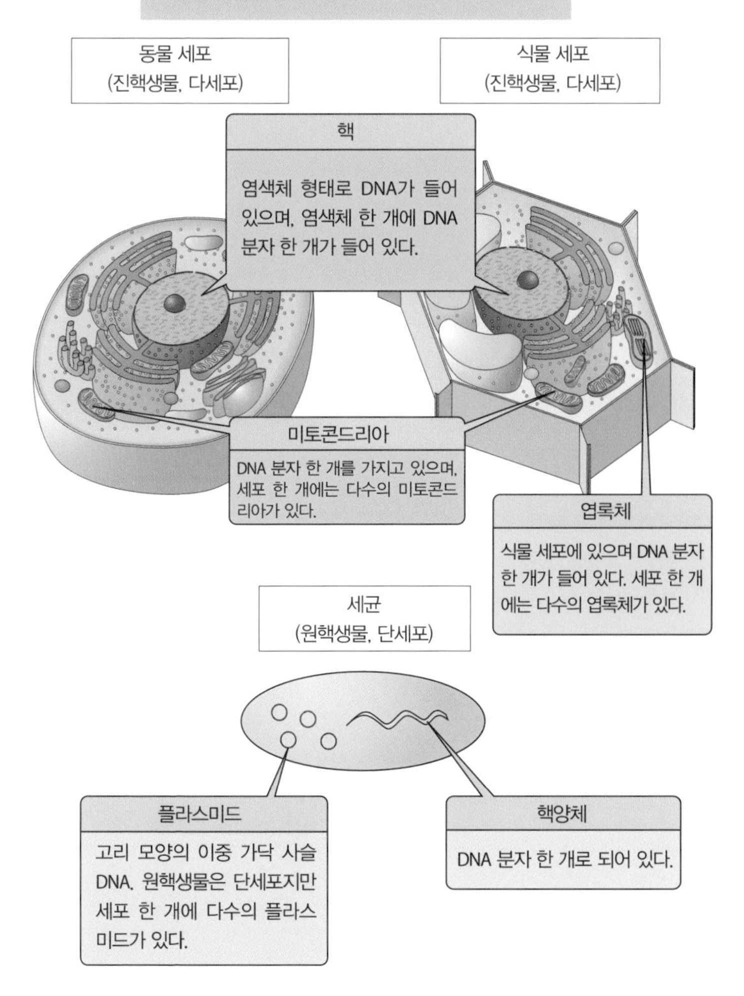

게놈이란 무엇일까?

게놈은 생물을 구성하는 데 필요한 유전 정보를 의미하며 염기 서열 전체를 가리킵니다. 게놈이라는 용어는 일반적으로 핵과 핵양체 속 DNA를 지칭할 때 사용합니다. 사람은 22가지의 상염색체와 성염색체 X, Y를 합쳐 총 24가지의 염색체를 가지고 있습니다. 이 24가지 염색체의 DNA 염기 서열 전체가 가진 유전 정보를 '인간 게놈'이라고 하며, 양으로 말하자면 약 30억 개의 염기 서열에 해당합니다. 인간 게놈 외에 '미토콘드리아 게놈', '엽록체 게놈'도 있습니다. 미토콘드리아 게놈은 미토콘드리아 DNA 분자 한 개, 엽록체 게놈은 엽록체 DNA 분자 한 개의 염기 서열 전체가 지닌 유전 정보를 의미합니다.

즉, 게놈은 생물의 기본적인 유전 정보를 나타낸다고 할 수 있습니다. 따라서 인간 게놈, 침팬지 게놈, 대장균 게놈처럼 표현할 수 있습니다. 각각의 생물이 가진 전체 DNA 염기 서열이 바로 게놈입니다. 다시 말해 각 생물종의 차이는 게놈의 차이, 즉 염기 서열의 차이에서 유래한다고 볼 수 있습니다. 참고로 사람과 침팬지의 게놈이 가진 유전 정보의 차이는 약 1퍼센트 정도로 추정됩니다.

바이러스에도 핵산(DNA 또는 RNA)이 있습니다. DNA 바이러스와 RNA 바이러스가 있는데, 이 경우에도 핵산의 전체 염기 서열 정보가 두 바이러스의 게놈에 해당합니다.

게놈의 염기 서열이 모두 밝혀진 생물종도 많습니다. 지금은 인간 개인의 게놈 정보도 해독할 수 있고, '인종' 간의 비교도 가능한 단계입니다. 인간 게놈의 개인차는 0.1퍼센트를 약간 넘는 수준이고, 'A씨의 게놈', 'B씨의 게놈'과 같은 식으로 표현합니다. 이처럼 게놈은 생물종 간의 차이만이 아니라 개인의 속성도 나타낼 수 있습니다.

[그림 1-12] 인간의 염색체와 게놈

가장 긴 1번 염색체는 2억 8000만 개의 염기로 이루어져 있으며 2,800개에 가까운 유전자가 포함되어 있다.

가장 짧은 21번 염색체는 4500만 개의 염기로 이루어져 있으며 350개 정도의 유전자가 포함되어 있다.

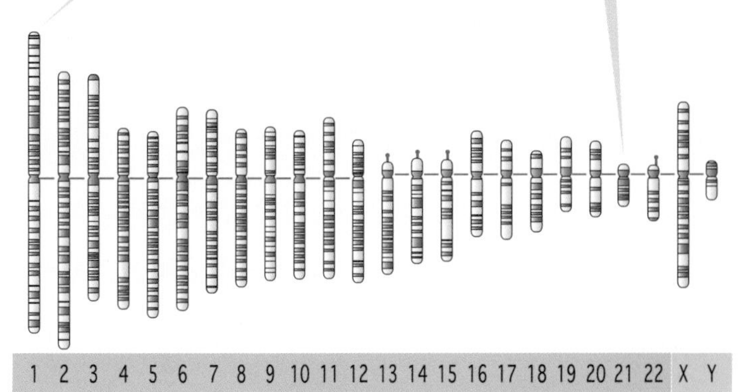

상염색체 성염색체

염색체는 DNA와 DNA에 결합한 단백질로 이루어져 있고, 인간의 세포 한 개에는 23쌍, 46개의 염색체가 있어요. 염색체 한 개에는 DNA 분자 한 개가 있고, 각각의 DNA에는 수백에서 수천 개의 유전자가 들어 있답니다.

인간 게놈은 22가지의 상염색체와 2가지의 성염색체에 포함된 DNA 분자를 구성하는 염기 30억 개의 서열 전체를 의미해요.

유전자가 가진 정보

그렇다면 유전자의 염기 서열에는 도대체 어떤 정보가 숨어 있는 걸까요? DNA에서 '전사(transcription)' 과정으로 합성되는 RNA 중, '전령 RNA(mRNA, 메신저 RNA)'로 전사되는 부분에는 단백질의 '아미노산 서열' 정보가 들어 있습니다. 아미노산 서열이란 아미노산이 연결되는 순서와 길이를 말해요. 유전자를 구성하는 염기 서열의 길이는 다양해서 염기가 1,000개 정도 연결된 것이 있는가 하면 수십만 개가 연결된 긴 것도 있습니다. 예를 들어 인간이 가진 단백질의 종류는 10만 개 이상으로 알려져 있어요.

단백질을 합성할 때 사용되는 아미노산의 종류는 20가지입니다. 지구상에 존재하는 모든 생물은 모두 이 20가지 아미노산으로 단백질을 합성하는데, 이때 아미노산 서열에 따라 다양한 구조와 기능을 가진 단백질이 만들어집니다. 생물이 각자 다양한 형태와 기능을 갖는 이유는 해당 생물을 구성하는 단백질의 종류와 양, 분포 형태가 다르기 때문입니다. 이 단백질의 종류를 결정하는 인자가 바로, 게놈의 유전 정보 중 유전자입니다. 결국 게놈 안에 어떤 유전자 세트를 가지고 있느냐에 따라 생물의 형태와 기능이 결정된다고 할 수 있습니다.

물론 바이러스에 포함된 핵산에도 유전자 영역이 있습니다. 바이러스의 유전자도 진핵생물이나 원핵생물과 마찬가지로 암호화되어 있으며 단백질을 합성해 바이러스를 구성합니다.

이제 세포가 분열할 때나 부모 자식 사이에서 게놈의 유전 정보가 어떻게 전달되는지 인간을 예로 들어 살펴볼 것입니다. 먼저 체세포 분열부터 시작할까요?

[그림 1-13] 유전자가 가진 정보

유전자에는 단백질의 아미노산 서열 정보가 들어 있다. 아미노산 서열은 아미노산이 연결되는 순서와 길이를 의미하며, 인간이 가진 단백질의 종류는 10만 개 이상에 달한다.

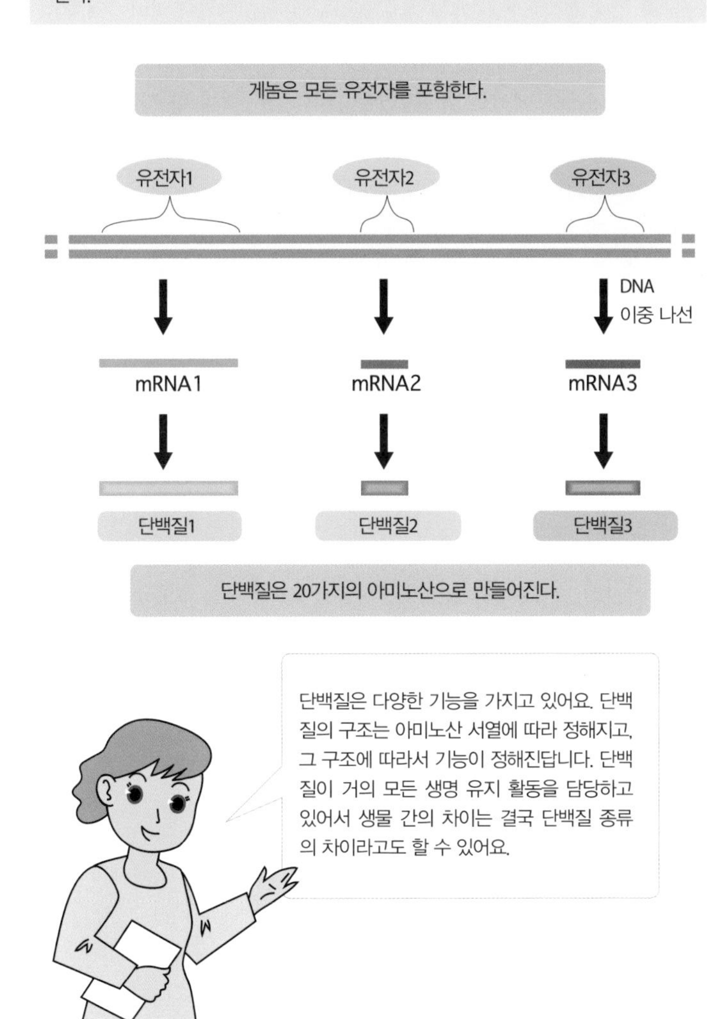

게놈과 유전자

2006년, 일본의 과학기술주간(science & technology week)의 최대 화두는 '한 집에 한 장, 인간 게놈 지도'였습니다. A1 크기의 재미있는 포스터가 전국 박물관에 배포되었고 인터넷 사이트(http://www.lif.kyoto-u.ac.jp/genomemap/)에서도 볼 수 있었습니다. '한 집에 한 장'이라는 말로 게놈과 유전자를 일반인은 물론 중학생도 이해할 수 있도록 체계적으로 설명했지요. 심지어 설명의 수준도 이 책보다 높았습니다. 이때를 계기로 게놈이라는 용어가 널리 알려지기 시작했습니다. 하지만 지금도 여전히 일반인에게 '게놈과 유전자의 차이'를 아느냐고 물으면 명쾌한 대답을 듣기는 힘든 것이 사실입니다.

지금도 게놈이라고 해야 할 부분을 유전자라고 표현하는 사례를 자주 볼 수 있습니다. 조금 오래된 이야기지만 2001년, 인간 게놈의 개요가 발표됐을 당시, 아사히 신문에 재미있는 문제가 실린 적이 있습니다.

지금은 폐간되었지만 아사히 신문 일요판 2001년 7월 8일 자 신문에 실린 '퍼즐로 놀아보자' 코너에 등장한 문제입니다. 힌트는 '인간의 이것 정보는 모두 해독되었다'라는 문장이었으며, 답은 '유전자'로 쓰여 있었습니다. 이 문제를 보고 편집부 앞으로 오류를 지적하는 내용의 편지를 보냈습니다. 이후, 정확한 답변을 담은 답장을 받을 수 있었지요. 원래 신문에 실려야 했던 답은 무엇이었을까요?

게놈과 유전자의 차이는 이후로도 계속 등장할 테니 지금 이해하지 못했더라도 걱정할 필요는 없습니다. 게다가 힌트에 '해독'이라는 까다로운 단어도 쓰였으니 그럴 수도 있지요.

7월 8일 자 '퍼즐로 놀아보자'에 실린 '인간의 이것 정보는 모두 해독되었다'라는 힌트가 잘못되었다는 소중한 의견 감사합니다.

해당 한자 퍼즐은 퍼즐 잡지 제작 회사인 '니코리'에 일임하고 있습니다만, 편집 책임은 당연히 편집부에 있습니다.

말씀하신 대로 저희도 이 힌트에 대한 가장 적합한 답은 '(인간) 게놈(의 염기 서열)'이라고 생각합니다. 아사히 신문은 인간 게놈을 '사람의 유전 정보 전체'로 설명하고 있으니 따지고 보면 이번 퍼즐의 답은 '유전 정보'여야 적합하다고 생각합니다. '게놈'과 '유전자'를 혼동하고 지면에 실었습니다. 앞으로는 더 주의하겠습니다.

아사히 신문 일요판 편집부 무로타 야스코

신문과 같은 언론 매체는 '게놈'이라는 용어가 어렵다고 생각하는지 '게놈'이라고 써야 할 곳에 'DNA'나 '유전자'라는 단어를 대신 쓰는 경우가 많습니다. 신문 기사에서 '게놈'을 원래의 의미인 '유전 정보 전체'로 사용하기를 바라기는 조금 이른 걸까요? 2001년, 아사히신문의 편집자 무로타 야스코 씨에게서 답장을 받은 일은 분명 의미 있는 일이었지만, 안타깝게도 여전히 여러 기사에는 용어의 오용이 난무하고 있습니다.

세포의 종류와 체세포 분열 – 두 세트 게놈의 세포 분열

다세포 생물인 동물과 식물은 '체세포'와 '생식 세포'로 구성되어 있습니다. 동물의 몸에서 염색체 수가 체세포의 절반밖에 되지 않는 세포를 발견했을 때는 1883년으로, 회충에서 관찰되었어요. 이 세포가 발견된 이후 '감수 분열'이나 수정에 관한 새로운 지식이 쏟아지기 시작했지요.

체세포의 염색체는 일반적으로 '2배체'이며 '체세포 분열'을 통해 증식합니다. 인간의 체세포는 성질에 따라 종류가 약 200가지에 달할 만큼 세포의 형태와 크기, 기능이 아주 다양해요. 반면 생식 세포의 염색체는 체세포의 반수에 해당하는 '반수체'이며 모세포의 감수 분열을 통해 만들어집니다. 사람으로 말하자면 난자와 정자가 생식 세포입니다.

체세포 분열은 '세포 주기'에 따라 일어납니다. DNA 합성을 준비하는 기간인 'G1기(Gap1)', DNA를 합성하는 'S기(Synthesis)', 분열을 준비하는 'G2기(Gap2)', 그리고 분열하는 기간인 'M기(Mitosis)'로 나눌 수 있어요. 세포 주기 중 S기 때 DNA가 복제되어 양이 정확히 두 배로 늘어납니다. 글자 그대로 DNA 분자 한 개가 두 개가 된다는 말입니다. DNA의 복제는 S기 때만 일어나기 때문에 한 사이클당 정확히 한 번만 일어납니다. M기가 되면 DNA는 염색체의 형태가 되고, 늘어난 DNA를 포함한 '자매 염색 분체'가 세포의 중앙으로 모였다가 분리되면서 세포 분열이 일어나 딸염색체를 가진 새로운 딸세포가 만들어집니다.

인간은 46개의 염색체가 각각 복제되어 전부 자매 염색 분체를 만들기 때문에 염색체가 92개로 늘어나지만, 늘어난 92개의 자매 염색 분체가 두 개의 딸세포로 나누어지기 때문에 결과적으로 모세포와 똑같이 46개 염색체를 가진, 2배체 세포 두 개가 생깁니다.

참고로 미토콘드리아는 핵과는 독립적으로 DNA를 복제하기 때문에 세포 분열 시에 미토콘드리아 게놈은 각각 하나씩 딸세포로 나누어집니다.

[그림 1-14] 염색체로 본 체세포 분열

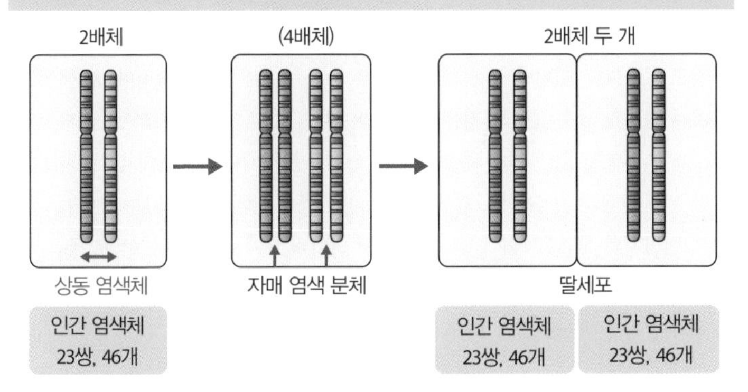

체세포는 쌍을 이룬 상동 염색체를 가진 2배체(인간의 경우 23쌍, 46개)이며, 각 염색체가 분열할 때 복제되지만 두 개의 세포로 나누어지기 때문에 처음과 똑같이 쌍을 이룬 상동 염색체를 가진 2배체 딸세포가 생성된다.

[그림 1-15] DNA로 본 체세포 분열

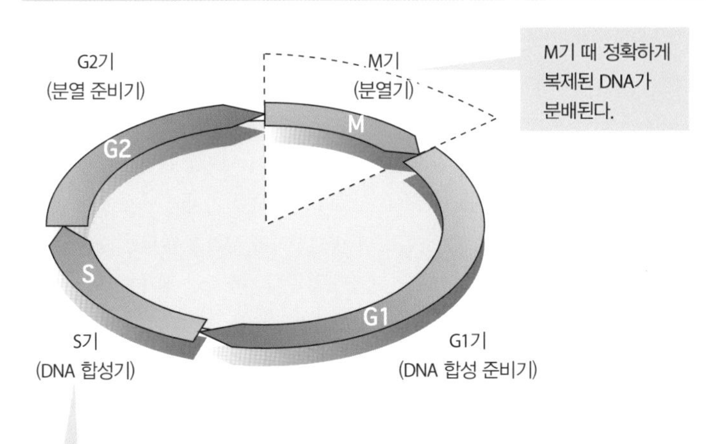

S기 때 DNA가 복제되어 정확히 두 배가 된다.

체세포 분열을 통해 DNA가 정확하게 복제되어 모세포와 똑같은 게놈, 유전 정보, 염색체를 가진 두 개의 딸세포가 생성된다.

생식 세포 – 게놈 한 세트의 세포

사람의 난자와 정자 같은 생식 세포는 체세포의 절반인 23개의 염색체를 가지고 있습니다. 이러한 생식 세포는 감수 분열을 통해 만들어집니다. 물론 난자와 정자의 감수 분열 과정은 다르지만, 결과적으로 생식 세포의 모세포인 2배체 체세포에서 쌍을 이루고 있던 염색체가 분리되어 반수체인 생식 세포가 된다는 점은 같습니다. 염색체 세트의 구성을 살펴보면 난자는 1번에서 22번까지의 상염색체와 X염색체가 각각 하나씩 모여 23개의 염색체로 구성되고, 정자는 난자와 같은 구성 외에 X염색체 대신 Y염색체가 추가되어 두 종류의 염색체 세트를 갖게 됩니다.

앞에서 설명한 대로 인간 게놈의 염기 서열에는 0.1퍼센트 정도의 개인차가 존재합니다. 다시 말해 쌍을 이룬 체세포의 염색체가 가진 유전 정보는 거의 같지만 완전히 같지는 않다는 뜻입니다. 이는 감수 분열을 할 때 어느 염색체가 선택되느냐에 따라 다른 유전 정보를 지닌 생식 세포가 만들어지기 때문입니다. 체세포는 체세포 분열을 통해 생성되기 때문에 모세포와 딸세포는 '클론(clone, 같은 게놈)'이지만, 감수 분열을 통해 생성되는 생식 세포는 서로 클론이 아닙니다.

생식 세포는 생식 세포 핵 게놈에 한 쌍의 염색체가 있으면 두 종류, 두 쌍의 염색체가 있으면 2의 제곱인 네 종류의 조합이 생깁니다. 인간은 23쌍의 염색체를 가지고 있으므로 감수 분열을 할 때 생식 세포로 분열되는 염색체 세트 조합은 2의 23제곱이 됩니다. 무려 약 800만 가지의 난자 또는 정자가 만들어질 수 있다는 뜻이에요. 아이는 난자와 정자가 만나는 수정 과정을 거쳐 태어납니다. 만들어지는 난자와 정자의 가짓수를 생각해 보면 태어날 아이들이 얼마나 다양한 조합을 가졌을지 짐작할 수 있습니다.

[그림 1-16] 게놈으로 본 생식 세포와 감수 분열, 수정

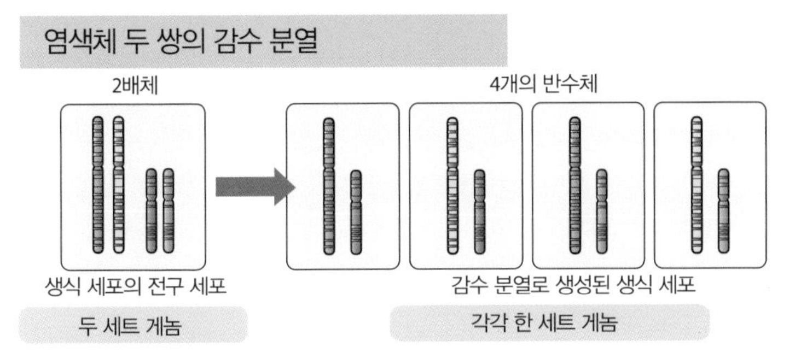

두 세트 게놈을 가진 전구 세포에서 감수 분열이 일어나 한 세트 게놈을 가진 생식 세포가 만들어진다. 이때 쌍을 이룬 상동 염색체 중 어느 한쪽을 가지게 된다.

23쌍의 염색체를 가진 인간의 감수 분열

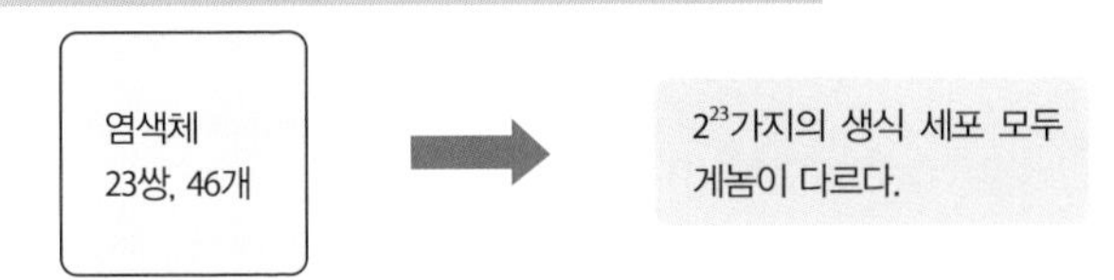

단순히 두 세트 게놈이 한 세트 게놈으로 줄어드는 것이 아니다. 쌍을 이루고 있는 체세포의 상동 염색체는 염기 서열로 봤을 때 사람마다 0.1퍼센트 정도의 차이가 있기 때문에 감수 분열로 생긴 생식 세포는 모두 각자 다른 게놈, 완전히 새로운 게놈을 가지고 탄생한다.

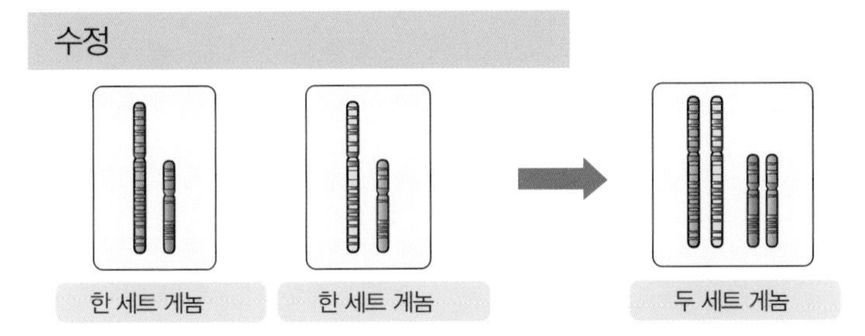

수정을 통해 어머니의 난자에서 유래한 게놈 한 세트와 아버지의 정자에서 유래한 게놈 한 세트를 받아 두 세트 게놈을 가진 새로운 세포(개체)가 만들어진다.

감수 분열 – 생식 세포의 형성 과정

이번에는 생식 세포가 만들어지는 과정 중 감수 분열의 원리를 살펴봅시다. 감수 분열은 '제1분열'과 '제2분열'로 나뉩니다.

제1분열에서는 우선 체세포 분열 때와 마찬가지로 염색체가 증가합니다. 여기까지는 체세포 분열과 비슷하지만, 그 뒤로 분열 양상이 달라지기 시작합니다. 쌍으로 존재하던 자매 염색 분체인 '상동 염색체'가 결합해 똑같은 염색체 네 개가 모인 상태가 되고, 이 복합체가 세포 중앙으로 집결합니다. 결합한 네 개의 염색체 중 두 개는 어머니 쪽에서 받은 자매 염색 분체이고, 나머지 두 개는 아버지 쪽에서 받은 자매 염색 분체입니다.

네 개의 염색체가 나란히 결합하고 이중 어머니에게서 받은 염색체 한 개와 아버지에게서 받은 염색체 한 개가 교차(crossing over, 재조합)하며 결합합니다. 이를 '키아스마(chiasma)'라고 하며, 네 개의 염색체가 서로 떨어지지 않게 결합하는 역할을 합니다. 키아스마가 일어나는 지점은 염색체 한 쌍당 최소한 한 개이며, 평균적으로 두세 개가 생깁니다.

그다음, 제1분열을 통해 늘어나고 재조합된 모계 유래 염색체와 부계 유래 염색체가 분리됩니다. 이때 상동 염색체가 분리되고 각각의 염색체는 자매 염색 분체로 존재하게 됩니다. 세포 하나가 가진 염색체 수는 46개지요. 그 후에 제2분열이 일어나고 증가한 염색체가 분리되어 새로운 반수체 세포가 생깁니다. 결과적으로 2배체 세포 한 개에서 반수체 세포 네 개가 만들어지는 것입니다. 하지만 실제로 난자는 한 번의 감수 분열을 통해 한 개만 생성됩니다. 또한 인간의 경우, 감수 분열 시에 일어나는 교차(재조합)는 22쌍의 상염색체 모두와 여성의 성염색체인 X염색체 상에서 일어납니다. 다만 남성은 Y염색체 양 끝과 X염색체가 접합해서 한 군데에서만 교차(재조합)가 일어나고, Y염색체 양 끝단 외에 다른 부분은 그대로 유전됩니다.

[그림 1-17] 감수 분열 시 재조합되는 염색체

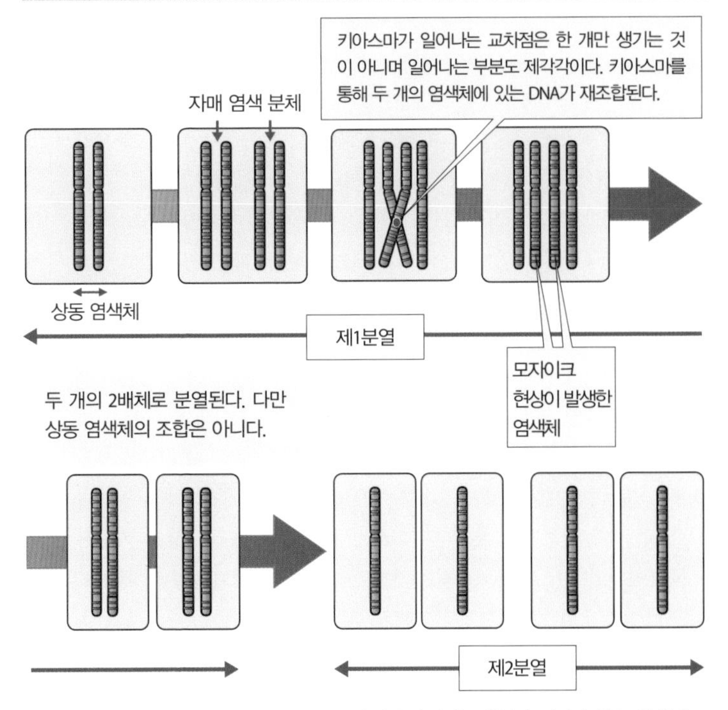

감수 분열이 일어날 때는 단순히 상동 염색체가 나눠지는 현상만 아니라 상동 염색체 사이에서 모자이크 현상이 발생해 유전자 세트의 조합이 바뀐다. 이에 따라 모세포와 다른 게놈(유전자 세트)을 갖게 된다.

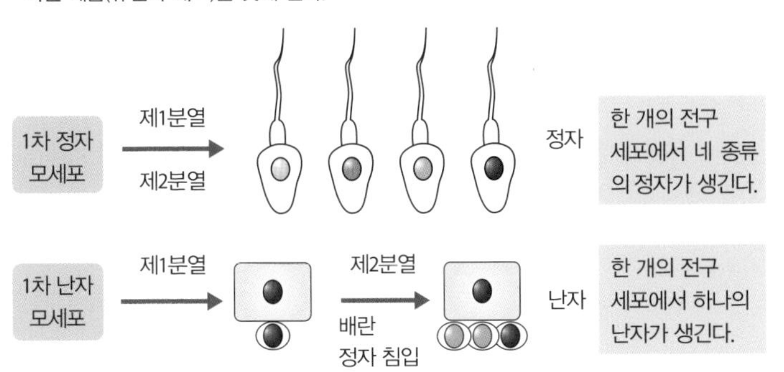

수정과 배아 발생

난자와 정자가 수정되면 반수체 세포끼리 융합해서 2배체인 수정란이 생깁니다. 난자와 정자 속에 있던 염색체는 모두 수정란에 그대로 남아요.

난자와 정자 모두에 미토콘드리아가 있지만, 수정란에는 난자의 미토콘드리아만 남고 정자의 것은 수정 과정에서 사라집니다. 그 때문에 미토콘드리아 게놈은 모계 유전된다고 말합니다. 어머니와 자식은 같은 미토콘드리아 게놈을 갖지만, 남성의 미토콘드리아 게놈은 자손에게 이어지지 않습니다. 정리하자면 수정란의 게놈은 난자 핵의 게놈과 정자핵의 게놈, 그리고 난자 속 미토콘드리아 게놈의 융합체라 할 수 있습니다.

난자와 정자가 융합됐을 때 각각의 염색체는 바로 쌍을 이루지 않고 우선 복제를 통해 수를 두 배로 늘립니다. 그 후에 첫 번째 '난할(세포 분열)' 과정에서 염색체가 두 개의 세포로 각각 나뉩니다. 즉 체세포의 핵 속에서 쌍을 이루고 있는 염색체는 난자 또는 정자, 어느 한쪽에서 온 것입니다. 두 염색체의 유전자에는 일부 다른 부분이 존재하는데, '메틸화' 반응을 통해 두 염색체를 구분할 수 있습니다. 메틸화는 핵 속 DNA의 특정 염기 부분에 '메틸기'라는 물질이 화학적으로 추가되는 반응을 말합니다. 메틸화는 배아 발생 초기에 특히 중요하며, 이때 난자에서 유래한 게놈과 정자에서 유래한 게놈의 역할 분담이 이루어집니다. 이 역할 분담을 '각인(imprinting)'이라고 하는데, 동물이 체세포 복제를 하거나(클론을 만들거나) 한쪽 성만으로 증식하는 '단위 생식'을 하기 어려운 이유가 이 각인 현상 때문입니다.

[그림 1-18] 게놈으로 본 수정과 배아 발생

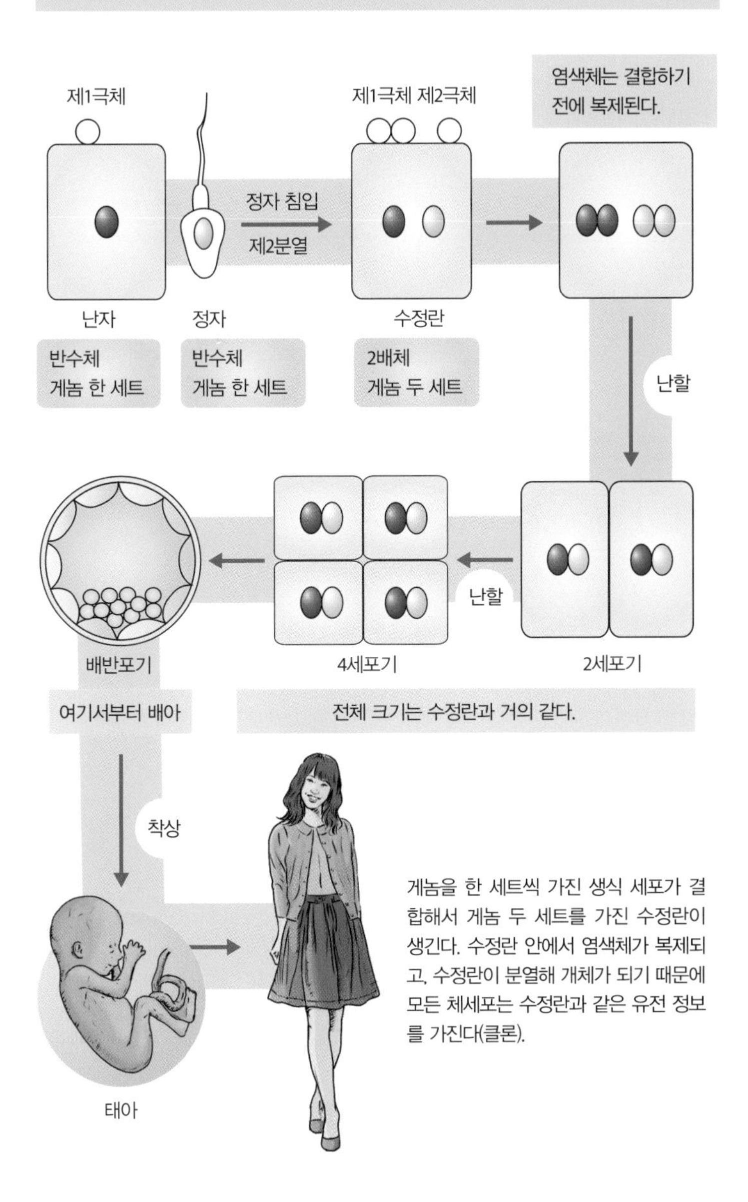

게놈을 한 세트씩 가진 생식 세포가 결합해서 게놈 두 세트를 가진 수정란이 생긴다. 수정란 안에서 염색체가 복제되고, 수정란이 분열해 개체가 되기 때문에 모든 체세포는 수정란과 같은 유전 정보를 가진다(클론).

유전 정보 전달 방식

자신의 게놈을 기준으로 부모에게서 자식으로 이어지는 유전 정보의 흐름을 살펴봅시다. 자신의 염색체에 포함된 DNA 분자는 두말할 필요 없이 부모님의 DNA를 물려받은 것입니다. 염색체는 쌍을 이루고 있고, 23개는 어머니, 나머지 23개는 아버지에게서 물려받았으니, 염색체의 유전 정보는 어머니 : 아버지 = 1 : 1이 됩니다. 또한 어머니와 아버지의 염색체도 마찬가지로 할아버지와 할머니에게서 1 : 1로 물려받은 것입니다. 따라서 단순히 숫자만 생각하면 나의 염색체에는 조부모 네 명의 염색체가 각각 25퍼센트씩 포함되어 있는 것처럼 보입니다. 다만 25퍼센트라는 숫자는 그저 평균 수치일 뿐, 사실 조부모에게서 물려받은 유전 정보의 비율은 일정하지 않습니다.

우선 상동 염색체 사이에서 일어나는 교차(재조합)는 무시하고 염색체가 두 쌍인 경우를 생각해 볼까요? 47쪽 [그림 1-16]에서 설명했듯이 감수 분열로 생긴 어머니의 난자는 할머니-할머니, 할머니-할아버지, 할아버지-할머니, 할아버지-할아버지 이렇게 네 가지입니다. 어떤 난자든 어머니의 게놈이라는 사실은 틀림없으니 자기 게놈의 절반은 분명 어머니의 게놈에서 유래한 것입니다. 하지만 여기서 조금 더 거슬러 올라가 봅시다. 예를 들어 어머니가 할머니-할머니의 염색체로 만들어진 난자에서 태어났다면 나의 게놈 속에는 외할아버지의 게놈은 전혀 포함되어 있지 않다는 말이 됩니다.

그리고 똑같은 일이 정자에서도 일어납니다. 만약 자신이 할아버지-할아버지의 염색체로 만들어진 정자에서 태어났다면 어떻게 될까요? 나의 게놈은 외할머니와 친할아버지의 유전 정보를 1:1로 이어받은 혼합 염색체라는 뜻이 되겠지요? 즉 네 명의 조부모 중 두 명에게서만 유전 정보를 물려받았다는 말이 됩니다. 따라서 유전 정보는 단순히 네 명의 조부모에게서 25퍼센트씩 물려받지 않는 것이 아님을 알 수 있습니다. 실제로는 인간의 염색체가 23쌍이고, 감수 분열을 할 때 교차라는 현상이 발생해서 상동 염색체끼리 섞이기 때문에 25퍼센트라는 수치에 가까운 비율로 네 조부모의 유전 정보를 물려받게 됩니다. 이번에는 반대로 미래를 생각해 봅시다. 나의 게놈은 평균적

[그림 1-19] 나의 게놈

게놈 = 다음의 염색체에 포함된 DNA의 염기 서열 전체

인간 게놈	1~22번 염색체, X염색체,	Y염색체	총 24개
정자 게놈	1~22번 염색체, X염색체 또는 1~22번 염색체, Y염색체		총 23개
난자 게놈	11~22번 염색체, X염색체		총 23개

나의 게놈 23쌍, 46개 염색체 또는 두 세트 게놈

'나의 게놈'은 체세포에 포함된 DNA의 염기 서열 전체를 의미하며, 두 세트의 '인간 게놈'으로 구성된다.

또한 체세포와 생식 세포에는 둘 다 미토콘드리아가 있기 때문에 미토콘드리아 게놈도 가지고 있다.

미토콘드리아 게놈 = 미토콘드리아 DNA의 염기 서열 전체

으로 손자에게 4분의 1, 증손자에게 8분의 1이 남는다는 계산이 나옵니다. 이렇듯 게놈은 대를 거듭함에 따라 생각보다 쉽게, 금방 희미해집니다.

인간 게놈 중 궁극의 인간 게놈이라 부를 수 있는 '슈퍼 인간'은 없습니다. 인간이라는 집단 속에는 다양한 인간 게놈이 존재하고, 서로 0.1퍼센트 정도의 차이가 있을 뿐이지요. 단순히 인간 게놈이라고 말할 때는 그 작은 차이를 포함한 인간이라는 생물의 게놈을 의미합니다. 우리가 인간이지 침팬지가 아닌 이유는 인간 게놈을 가지고 있기 때문이에요. 게놈이라는 관점에서 보면 개는 호랑이 새끼를 낳을 수 없고, 콩 심은 데서 콩이 나고 팥 심은 데서 팥이 나는 것이 당연한 일입니다.

개인의 게놈이라는 관점에서 보면 어떨까요? 체세포에는 두 세트의 게놈이 들어 있으니 A씨의 게놈이든, B씨의 게놈이든 두 세트분의 유전 정보를 의미하고, 이때의 게놈은 특정인을 가리키고 있으니 특정 유전 정보를 가진 게놈이 됩니다.

자식이 부모를 닮는 이유는 부모의 게놈을 물려받았기 때문이지요? 부모의 게놈과 유전자 외의 다른 것은 섞이지 않았으니 적어도 자식의 게놈은 부모의 유전자 조각을 이용해서 만들어진다는 사실만은 틀림이 없습니다. 그래서 남의 자식보다 내 자식이 나와 닮은 것이지요.

그렇다면 같은 부모에게서 태어난 형제는 왜 각자의 개성을 가질까요? 만약 게놈이 변하지 않는 존재라면 어떤 일이 벌어질지 생각해 보세요. 이 질문의 답을 쉽게 알 수 있습니다. 앞에서 개인의 유전 정보는 두 세트의 게놈으로 이루어진다고 설명했습니다. 이 게놈을 고정된 2만 개 이상의 유전자 덩어리 두 세트라고 생각하면 감수 분열로 생기는 게놈 한 세트의 생식 세포는 두 가지 뿐입니다. 아버지에게서 X염색체를 가진 게놈과 Y염색체를 가진 게놈 두 가지와 어머니에게서 X염색체를 가진 게놈 두 가지가 만들어지지요. 자식을 구성하는 조합이 네 종류뿐이기 때문에 확률적으로 보았을 때 2남 2녀로 네 명의 자식을 낳으면 서로 각각 다른 게놈을 가진 아이가 태어날 수 있습니다. 하지만 여기서 아이를 더 낳으면 먼저 태어난 아이와 똑같은 게놈을 가진 아이가 태어납니다.

물론 실제로 그런 일은 일어나지 않습니다. 앞서 감수 분열에서 설명했듯이 23쌍의 염색체 중에 어느 하나의 염색체를 받고, 교차(재조합)도 발생하기 때문에 상동 염색체에서 모자이크 현상이 일어납니다. 결국 유전자 세트의 조합은 방대하며 그중 하나가 선택받아 수정이 이루어지기 때문에 같은 부모의 자식이라도 다른 게놈을 가질 수밖에 없습니다.

[그림 1-20] 부모와 자식 간의 유전 정보 전달 방식

체세포와 생식 세포의 전구 세포는 확실히 구별된다. 부모가 각각 만든 생식 세포가 결합해 수정되면 부모의 게놈이 자식에게로 전달된다. 즉, 전체 유전 정보는 생식 세포를 통해서 계속해서 자손에게 전달된다. 반면 체세포의 유전 정보는 그 개체가 죽으면 소멸한다.

- 인간은 왜 인간을 낳을까?
  인간의 게놈이 인간의 게놈을 가진 아이를 만들기 때문에
  (인간 게놈 외에 다른 게놈이 섞이지 않는다)

- 왜 자식은 부모를 닮을까?
  부모의 게놈에서 자식의 게놈이 생성되기 때문에
  (부모의 게놈 외에 다른 게놈이 섞이지 않는다)

- 같은 부모에게서 태어난 자식인데 왜 성격이나 외모가 다를까?
  감수 분열을 통해 부모의 게놈에서 변형된 생식 세포가 만들어지고, 그 생식 세포가 결합해서 자식의 게놈이 생성되기 때문에

생식은 왜 필요할까?

세포가 감수 분열을 할 때 염색체가 뒤섞일 뿐만 아니라 교차(재조합)까지 일어납니다. 결론적으로 다양한 종류의 난자와 정자가 만들어지지요. 알다시피 양쪽 부모의 염색체가 모두 이 과정을 거치고 그중에서 각각 한 개만이 선택받아 수정이 이루어집니다. 이와 같은 '성'이라는 체계는 도대체 왜 만들어졌을까요?

진화를 설명하는 키워드에는 '다산'과 '생존'이 있습니다. 바꿔 말하면 '적응'이라 할 수 있어요. 처한 환경에서 살아남기 유리한 개체가 살아남습니다. 부모는 항상 생존 가능성을 고려해 일정 개체 수 이상의 자식을 낳습니다. 그 과정에서 염색체가 뒤섞이고(염색체 셔플), 우연히 당시 환경에 적합한 개체가 살아남게 됩니다. 살아남은 개체의 염색체는 다시 뒤섞이고 그중에 또 적합한 개체가 생존하지요.

만약 '성'이 없다면 염색체가 섞일 일이 없습니다. 무성 생식으로 태어나는 개체는 일반적으로 부모의 클론입니다. 하지만 개체가 환경 변화에 적응하지 못하면 멸종될 수밖에 없습니다. 다만 실제로는 변이가 쉽게 일어나고, 변이가 발생했을 때 일부러 복원하지 않는 체계도 존재하기 때문에 모든 자식이 부모의 완벽한 클론이라 할 수는 없습니다. 자연의 선택이 약간은 작용한다고 할까요. 유성 생식의 장점은 염색체가 뒤섞이기 때문에 부모와 다른 게놈을 가진 다양한 자식이 태어난다는 점입니다. 부모의 클론이 태어나는 일은 없어요. 따라서 유성 생식을 하면 급변한 환경 속에서 살아남을 수 있는 개체가 태어날 가능성이 무성 생식보다 더 큽니다.

그리고 또 다른 진화의 키워드로 '돌연변이'가 있습니다. 변이는 환경 변화와는 별개로 중립적이고 무작위로 일어나며, 그저 확률적으로 발생합니다. 그 결과 각 환경에 적합한 변이만이 살아남습니다. 살아남을 개체를 환경이 선택하는 셈이에요. 변이는 특정한 방향성을 가지고 일어나는 것이 아닙니다. 변이나 진화가 일어나는 방향에는 목표가 없을 뿐만 아니라 진화에는 더 나아진다는 의미도 없어요.

'성'도 마찬가지입니다. 감수 분열을 통해 염색체가 뒤섞이고 수정 과정에서 일어나는 우연은 모두 무작위로 발생합니다. 그 결과로 태어난 개체가 당시 환경에 적합하면 살아남고, 적합하지 않으면 살아남지 못합니다. 따라서 '성'은 생물종이 효율적으로 생존하기 위해 선택한 최선의 전략인 셈입니다. 따라서 유성 생식 생물은 무성 생식만 하는 생물과는 비교할 수 없을 만큼 다양한 개체를 낳았고 진화를 거치며 점점 더 대형화되었습니다. 몸집이 큰 생물은 모두 유성 생식을 합니다.

단순히 생물학적으로 봤을 때는 성의 기본도, 생물의 기본도 여성, 즉 암컷 개체입니다. 남성, 즉 수컷 개체는 암컷의 생식을 돕는 역할을 하지요. 인간의 난자는 4주에 한 개만 만들 수 있지만 정자는 하루에 7000만 개를 만들 수 있습니다. 다소 극단적인 표현이지만 수컷 개체는 게놈을 뒤섞기 위해 존재한다고 할 수 있습니다. 따라서 개체수가 많지 않아도 그리 큰 문제가 되지 않습니다. 실제로도 암컷의 성비가 높은 생물이 더 많고, 심지어 필요할 때만 수컷이 생기는 생물도 있답니다. 마찬가지로 인간도 생물학적으로는 여성이 기본이며 호르몬 작용으로 인해 보조적으로 남성이 만들어집니다.

'성'이란 개념이 생기면서 그와 함께 '죽음'이라는 개념도 생겼습니다. 무성 생식에서는 분열을 통해 클론을 만드는 일이 반복될 뿐 죽음이라는 개념은 존재하지 않습니다. 다만 게놈 수준으로 생각하면 생명은 연속된다고 할 수 있어요. 하지만 유성 생식에서는 뒤섞인 유전자를 가진 아이가 탄생하면 부모는 역할을 마치고 죽음을 맞이합니다. 만약 '이 죽음은 피할 수 없다'라는 관점에서 생각한다면 성은 죽음과 대립하는 개념이라고도 할 수 있습니다.

1-3 미시 생물학 – 유전자의 일생

생물을 구성하는 화학 물질

지금부터 DNA와 단백질 분자에 관해 살펴보도록 합시다. DNA와 단백질은 물이 없으면 기능을 발휘하지 못합니다. 그래서 세포 안은 물로 가득 차 있고 분자는 대부분 물에 녹아있는 상태로 다양한 반응을 일으킵니다. 포유류의 세포든, 대장균이든 70퍼센트는 물로 구성되어 있습니다. 그리고 남은 30퍼센트 중 대부분은 앞으로 계속 만나게 될 DNA와 단백질과 같은 거대 분자가 차지하고 있습니다.

DNA는 네 종류의 뉴클레오타이드(염기, nucleotide)가 연결된 화학 물질이며, 단백질은 20가지의 아미노산이 연결된 유기물입니다. 유전자의 본체는 DNA로 유전 정보는 DNA의 염기 서열로 저장됩니다. 또한 유전자에는 단백질의 아미노산 서열이 기록되어 있어요.

세포 기능에 있어서 가장 중요한 분자는 단백질입니다. 일반적으로 구조가 결정되면 기능도 결정되는데, 단백질은 아미노산이 나열된 순서에 따라서 입체 구조가 결정되고, 그 구조에 따라 다양한 기능을 발휘합니다. 이와 같은 단백질의 기능, 즉 단백질 구조를 결정하는 것이 바로 유전자예요.

인간은 2만 개 이상의 유전자를 가지고 있습니다. 다시 말해 적어도 2만 가지 이상의 단백질을 만들 수 있는 설계도를 가졌다는 말입니다. 이 모든 유전자를 포함한 전체 유전 정보를 게놈이라고 합니다. 부모에게서 자식에게로, 세포에서 세포로 전달되는 정보는 기본적으로 유전 정보뿐입니다. 다시 말해 게놈이 전달될 뿐이지만, 그 안에 단백질을 만드는 설계도가 들어 있다는 뜻입니다. 게놈이 가진 정보에 따라서 단백질이 합성되고, 합성된 단백질의 기능을 통해 생명이 유지됩니다. 물론 단백질 덩어리로만 생명을 유지할 수 있는 것은 아니며 정밀한 조절하에 가능한 것입니다.

[그림 1-21] 세포를 구성하는 화학 물질

(중량 퍼센트)

화학 물질	대장균	포유류의 세포
물	70	70
기타	6	9
단백질	15	18
핵산(DNA와 RNA)	7	1
다당류	2	2

거대 분자

세포를 구성하는 화학 물질의 70퍼센트는 물이며, 나머지 30퍼센트 중 대부분은 거대 분자로 이루어져 있다.

[그림 1-22] 거대 분자와 구성단위

구성단위 거대 분자

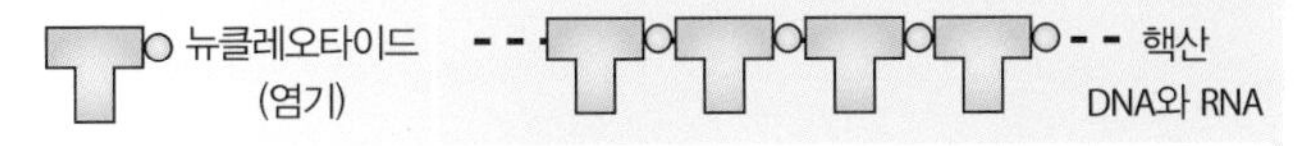

거대 분자는 세포 내부에서 각각의 구성 단위가 연결되어 합성된다.

DNA의 생성

우선 생명의 기본이 되는 화합물 DNA와 단백질의 구조 및 기능을 살펴보고, 유전 정보에서 단백질이 합성되는 과정인 '전사'와 '번역'의 체계를 자세히 들여다봅시다. 처음으로 화학 용어와 '원소 기호'가 등장하는데, 어렵다면 단순히 기호(그림)로 생각해도 좋습니다.

제임스 왓슨과 프랜시스 크릭이 처음 주장한 DNA의 구조는 1953년 4월, 학술지 '네이처'에 발표되었습니다. 벌써 70년 전의 일이지요. DNA는 네 가지의 염기(뉴클레오타이드)가 연결된 화학 물질(중합체)이며 '이중 나선 구조'로 되어 있습니다.

뉴클레오타이드는 [그림 1-23]에 오각형(각마다 번호가 붙어 있음)으로 표현한 '데옥시리보스(deoxyribose)'와 ⓟ로 표시한 인산, 그리고 네 가지 염기인 아데닌(A), 구아닌(G), 사이토신(C), 티민(T) 중의 하나로 구성됩니다. 예를 들어 데옥시리보스와 인산ⓟ, 아데닌(A)이 결합하면 '아데닌 뉴클레오타이드'가 생성되고, 마찬가지로 구아닌(G), 사이토신(C), 티민(T)과 결합하면 각각 '구아닌 뉴클레오타이드', '사이토신 뉴클레오타이드', '티민 뉴클레오타이드'가 생성됩니다.

DNA가 합성될 때는 이미 존재하는 DNA 사슬(오각형) 속 데옥시리보스의 3′에 있는 '수산기(그림 1-23에서 가장 아래 'OH'라고 적힌 부분)'에 새로운 뉴클레오타이드의 '인산기'ⓟ가 결합합니다. 인산기는 5′에 붙어 있어요. 이 결합이 반복되며 DNA의 길이가 길어집니다. 따라서 합성된 DNA 사슬의 5′ 쪽에는 유리*된 상태의 인산기ⓟ가, 3′ 쪽에는 유리된 상태의 수산기(OH)가 존재합니다.

* 유리(遊離): 화합물에서 결합이 끊어져 원자나 원자단이 분리되는 일

[그림 1-23] DNA의 네 가지 구성요소

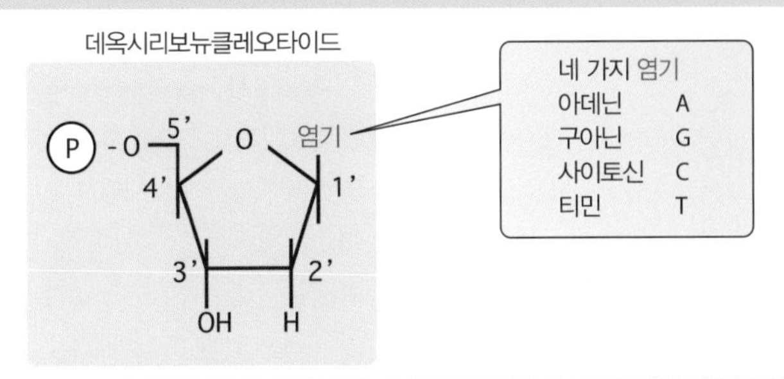

데옥시리보뉴클레오타이드는 오각형의 데옥시리보스와 ⓟ로 표시한 인산, 그리고 염기로 구성된다.

[그림 1-24] DNA의 구조와 표기 방법

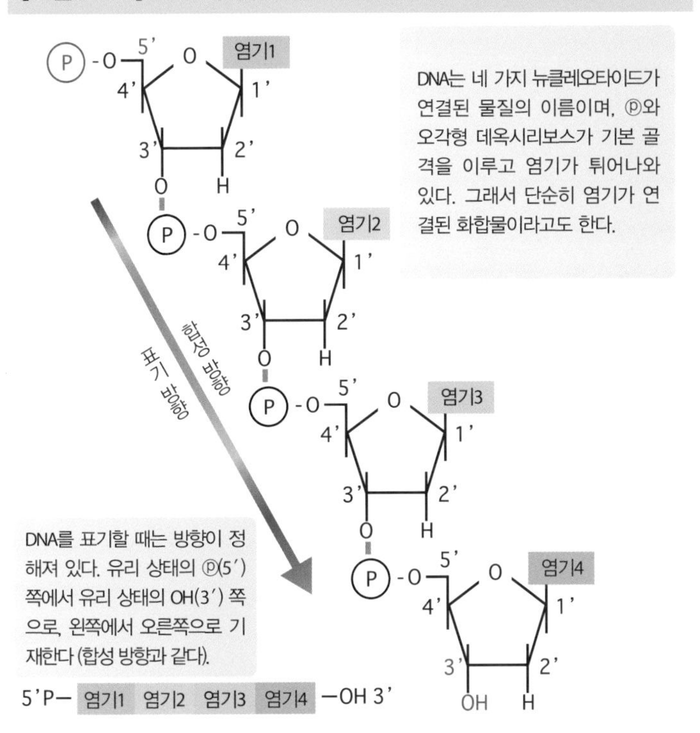

DNA는 네 가지 뉴클레오타이드가 연결된 물질의 이름이며, ⓟ와 오각형 데옥시리보스가 기본 골격을 이루고 염기가 튀어나와 있다. 그래서 단순히 염기가 연결된 화합물이라고도 한다.

DNA를 표기할 때는 방향이 정해져 있다. 유리 상태의 ⓟ(5′) 쪽에서 유리 상태의 OH(3′) 쪽으로, 왼쪽에서 오른쪽으로 기재한다(합성 방향과 같다).

DNA의 이중 나선 구조

DNA는 뉴클레오타이드(염기)가 연결된 중합체입니다. 뉴클레오타이드는 데옥시리보스와 인산으로 이루어진 골격에 염기가 연결된 구조이기 때문에 DNA는 뉴클레오타이드 중 염기 부분이 연결되었다고 보고 구조를 염기 서열로 표시합니다. DNA의 염기 서열은 다음과 같이 염기의 순서로 나타낼 수 있습니다.

5′P− AGCTAGCT− OH 3′

앞에서 본 DNA의 합성이 일어나는 방향과 같음을 알 수 있지요?

그런데 DNA는 이중 나선 구조를 취하고 있습니다. 두 가닥의 '폴리뉴클레오타이드'(폴리는 많다는 의미)에 있는 각각의 염기가 안쪽을 향하고 있으며, 아데닌(A)은 반드시 티민(T)과 사이토신(C)은 반드시 구아닌(G)과 마주합니다. 이 성질을 '상보성'이라고 합니다. 각각 '수소 결합'이라는 특수한 형태로 두 곳이나 세 곳이 연결되어 서로 마주 보고 있어요. 이러한 상보성에 따라 DNA 사슬 한 가닥의 서열이 정해지면 다른 한 가닥의 서열도 자연히 정해집니다.

그래서 이중 가닥 사슬의 입체 구조는 서로 반대 방향을 향하게 됩니다. 한 가닥은 5′에서 3′ 방향을 향하고 다른 한 가닥은 3′에서 5′ 방향을 향해요. 앞의 예처럼 염기 서열로 나타내면 다음과 같은 이중 가닥 사슬로 나타낼 수 있습니다.

5′AGCTAGCT3′	A와 T, G와 C가 쌍을 이룬다.
3′TCGATCGA5′	그 외의 조합은 없다.

일반적으로 이중 가닥 사슬을 위아래로 나열하면 상단은 5′에서 3′으로, 하단은 3′에서 5′으로, 왼쪽에서 오른쪽으로 적습니다. 이 표기법은 뒤에서 설명할 전사와 번역의 방식과도 관련이 있는데, 단일 가닥 사슬 분자를 표기할 때 특별히 제한이 없다면 일반적으로 5′에서 3′ 방향으로 적습니다. 따라서 아데닌(A)과 사이토신(C)이 결합한 '디뉴클레오타이드'('디'는 2를 의미한다)를 가리키는 'AC'와 'CA'는 다른 화합물이 되지요.

[그림 1-25] DNA – 마주 보는 이중 나선 구조

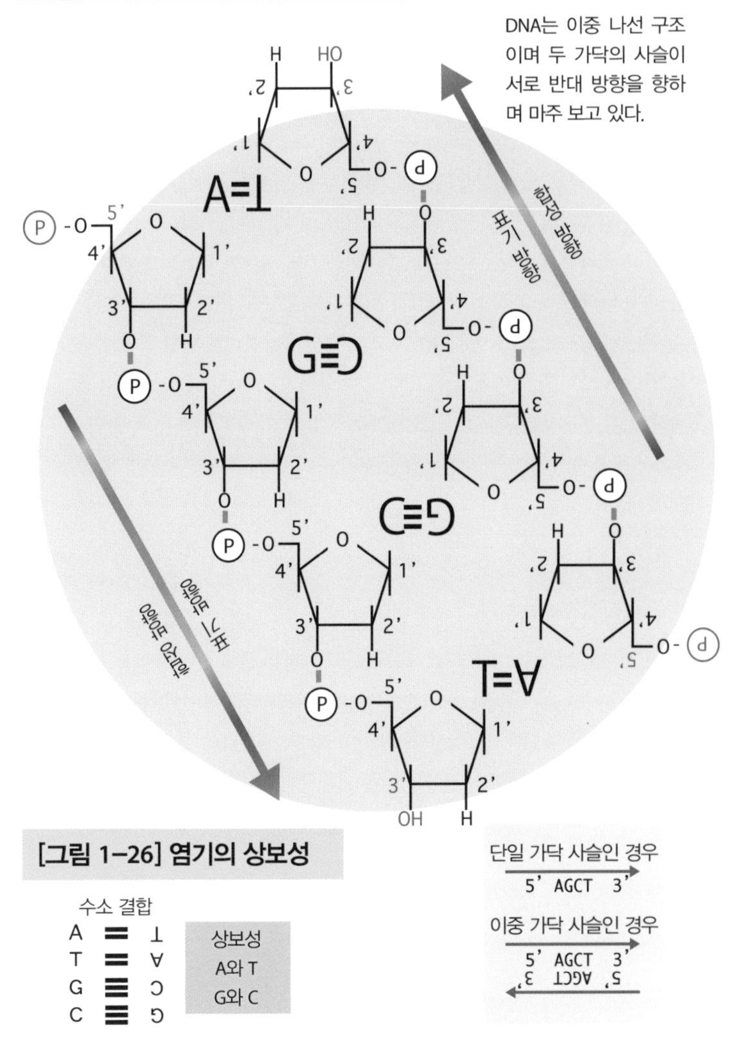

[그림 1-26] 염기의 상보성

염기는 안쪽을 향하고 있으며 그 조합은 정해져 있다(상보성). 표기 방향 또한 정해져 있기 때문에 ATGC와 CGTA는 서로 다른 화합물이다.

세포 분열 시의 DNA 복제 과정

세포 분열을 하기 전에 DNA는 두 쌍으로 '복제'됩니다. 복제될 때는 먼저 DNA를 이루는 이중 가닥 사슬이 분리되어 단일 가닥이 되고, 각각의 사슬을 주형(틀)으로 삼아 상보적으로 새로운 사슬을 합성합니다. 이 과정을 반보존적 복제라고 해요. 이때 상보성(반드시 A와 T, G와 C가 쌍을 이루는 성질)에 따라 새로 생성된 이중 가닥 사슬 두 쌍의 염기 서열은 복제 전 모체와 같습니다.

조금 더 자세하게 살펴보지요. DNA는 이중 가닥 사슬인 채로는 복제할 수 없습니다. 따라서 우선 특정 단백질의 기능을 이용해 두 가닥으로 꼬여있는 DNA를 부분적으로 풀고 서로 마주 보고 있던 염기를 분리해 단일 가닥 상태로 만들어야 합니다. 여기에 짧은 RNA로 이루어진 '프라이머(primer)'가 결합하고, 결합 부위부터 'DNA-의존성 DNA 중합 효소(중합 반응을 촉매하는 효소)'가 작용해 주형에 상보적인 뉴클레오타이드가 차례로 중합되어 딸 사슬이 합성됩니다.

DNA 합성은 반드시 5′에서 3′ 방향으로 진행됨을 잊지 마세요. DNA의 이중 나선은 서로 반대 방향을 향하고 있으므로 두 사슬을 동시에 같은 방향으로 뻗어나갈 수 없습니다. 한쪽 사슬은 풀리는 쪽을 향해 연속해서 복제되고, 반대쪽 사슬은 새로 풀린 쪽에 프라이머가 결합해 이미 복제된 아래쪽 다른 프라이머를 향해 DNA를 합성합니다. 이처럼 작은 조각의 합성을 통해서 복제가 이루어지는 체계를 발견한 사람은 일본의 생물학자 오카자키 레이지(岡崎令治)와 오카자키 쓰네코(岡崎恒子) 부부입니다. 이 조각은 부부의 이름을 따서 '오카자키 절편(okazaki fragment)'이라고 불러요. 이제 접착제 역할을 하는 'DNA 연결 효소(DNA ligase)'가 오카자키 절편을 결합하고 RNA 프라이머가 DNA로 치환되면 복제 완료입니다!

[그림 1-27] DNA의 복제는 반보존적

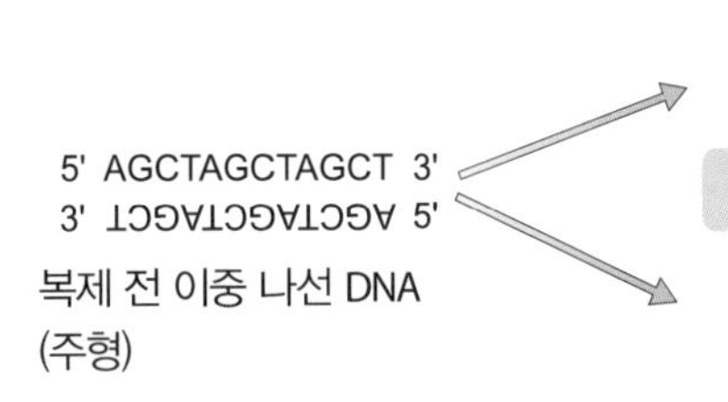

검은색으로 표기한 복제 전의 사슬이 주형이 되고 염기의 상보성에 따라서 붉은색 사슬이 새롭게 합성된다. 이것을 반보존적 복제라고 한다.

[그림 1-28] DNA의 복제 과정

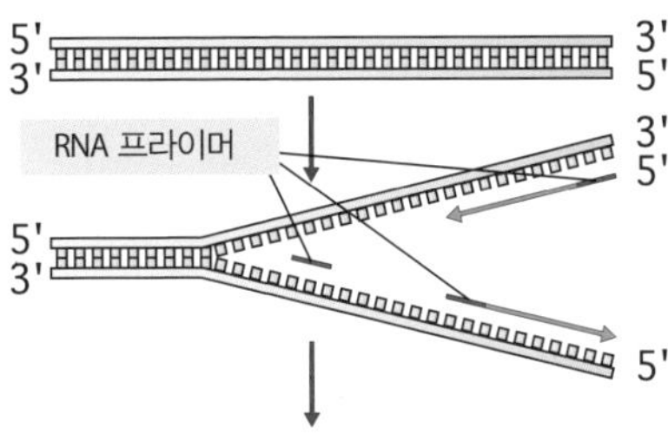

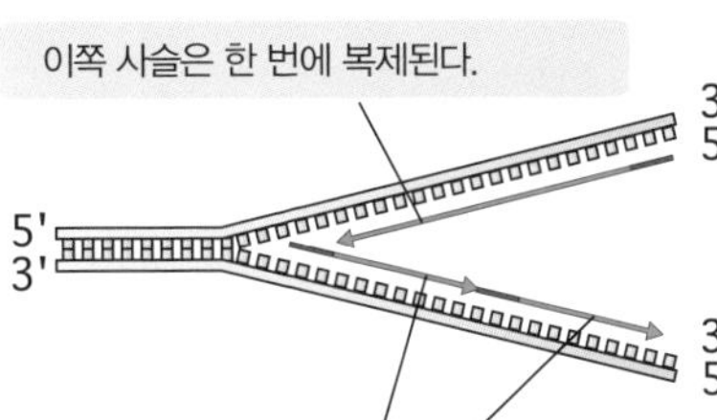

이중 가닥 사슬 DNA를 풀면서 한 방향(그림의 왼쪽)을 향해 DNA 복제가 일어난다. 우선 복제의 시작점인 RNA 프라이머가 결합하고 그 후에 상보적으로 새로운 사슬이 합성된다.

아미노산 – 단백질의 부품

단백질은 아미노산이 연결되어 만들어진 화합물입니다. 단백질 합성에 쓰이는 아미노산은 모든 생물이 공통입니다. 20가지 뿐이지요. 사실 21번째, 22번째 아미노산이 발견되기는 했지만, 이 책에서는 다루지 않겠습니다. 대장균과 같은 세균류는 대사 활동을 통해 다른 화합물로부터 모든 아미노산을 합성할 수 있습니다. 반면 인간은 20가지의 아미노산 중 12가지만 스스로 합성할 수 있고, 나머지 여덟 가지는 반드시 음식으로 섭취해야 합니다. 이 여덟 가지 아미노산을 '필수 아미노산'이라고 합니다. 음식이나 장내 세균에서 유래한 단백질은 아미노산으로 분해되어 단백질 합성에 재이용되거나 대사 활동에 사용됩니다.

아미노산의 중심에 있는 탄소 원자(C)에는 수소(H), 아미노기(NH_2), 카복실기(COOH), 그리고 각 아미노산만의 특정 곁사슬이 결합되어 있습니다. 곁사슬 구조의 차이에 따라서 20가지의 아미노산이 만들어지지요. 곁사슬이 수소(H)인 글리신을 제외한 19가지의 아미노산은 모두 L형과 D형으로 나눌 수 있습니다. 이중 단백질 합성에 쓰이는 아미노산은 모두 L형이에요. 정리하면 단백질 합성에 쓰이는 아미노산은 20가지나 되고, 생물의 몸에 들어 있는 아미노산이 정확히 몇 개인지는 밝혀지지 않았습니다. 예를 들어 '오르니틴(ornithine)'이라는 아미노산이 함유된 식품이 판매되고 있지만 오르니틴은 단백질 합성에 쓰이지 않습니다. 또한 단백질 합성에 쓰이는 D형인 아미노산도 있습니다. 예를 들면 원핵생물의 세포벽을 구성하는 '펩티도글리칸(peptidoglycan)'에는 D-알라닌(D-alanine)이 있습니다.

[그림 1-29] 아미노산의 기본 구조

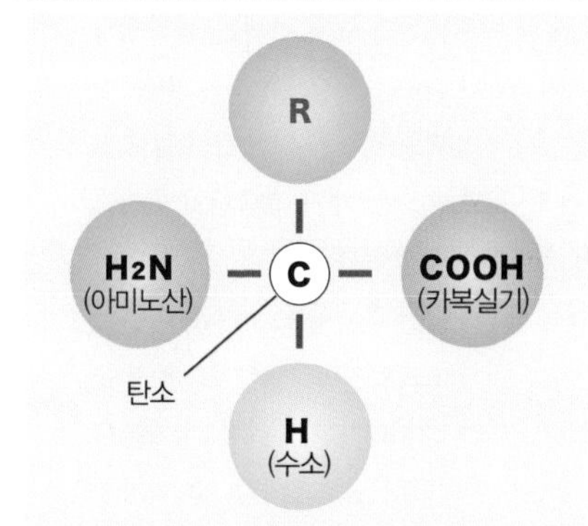

곁사슬R: 곁사슬의 구조 차이에 따라 20가지의 아미노산이 합성된다.

곁사슬R의 성질에 따른 분류
중성이며 소수성
중성이며 극성
염기성
산성 등

[그림 1-30] 아미노산의 명칭과 약자

단백질 합성에 사용되는 아미노산의 세 글자 표기와 한 글자 표기

A	Ala	알라닌
C	Cys	시스테인
D	Asp	아스파트산
E	Glu	글루탐산
F	Phe	페닐알라닌
G	Gly	글리신
H	His	히스티딘
I	Ile	아이소류신
K	Lys	리신
L	Leu	루신
M	Met	메티오닌
N	Asn	아스파라긴
P	Pro	프롤린
Q	Gln	글루타민
R	Arg	아르기닌
S	Ser	세린
T	Thr	트레오닌
V	Val	발린
W	Trp	트립토판
Y	Tyr	티로신
B	Asx	Asp + Asn
Z	Glx	Glu + Gln
X	불명	

사용하지 않는 문자와 이유

J	I와 혼동할 수 있음
O	숫자 0과 혼동할 수 있음
U	V와 혼동할 수 있음

아미노산의 표기는 일반적으로 알파벳 세 글자로 표기하지만, 이 책에 등장하는 아미노산 서열에는 한 글자 표기를 적용했어요.

단백질 구조

단백질은 '펩타이드 결합' 방식을 통해 아미노산이 길게 연결된 '폴리펩타이드'입니다. 펩타이드 결합은 한 아미노산의 카복실기(COOH)와 다른 아미노산의 아미노기(NH_2)의 화학 결합으로, 이때 물 분자가 떨어져 나갑니다. 단백질은 아미노산이 적게는 100개에서, 많게는 수천 개가 결합한 중합체이며 아미노산의 배열 방식은 유전자에 기록되어 있습니다.

합성된 폴리펩타이드의 한쪽 끝에는 유리된 상태의 아미노기(NH_2)가 있으며, 이 아미노기를 '아미노 말단(N 말단)'이라고 합니다. 다른 한쪽에는 유리된 상태의 카복실기(COOH)가 있고, 마찬가지로 이 카복실기를 '카복시 말단(C 말단)'이라고 합니다. 합성 직후의 단백질에는 분지 구조 즉, 곁가지가 없습니다.

단백질의 아미노산 서열은 일반적으로 N 말단에서 C 말단을 향하는 방향, 즉 왼쪽에서 오른쪽으로 씁니다. 이 방향은 뒤에서 설명할 번역 과정의 합성 방향과 같고, 나아가 전사 과정에서 합성되는 전령 RNA(mRNA)의 5′에서 3′ 방향과도 일치합니다. [그림 1-25]를 보세요. 이중 가닥 사슬 DNA의 상단 염기 서열과도 같은 방향임을 알 수 있어요. 따라서 아데닌(A)과 글리신(G)의 디펩타이드인 AG와 GA는 서로 다른 화합물인 것을 알 수 있습니다.

AG: NH_2-A-G-COOH

GA: NH_2-G-A-COOH

단백질의 아미노산 서열을 '1차 구조', 펩타이드의 특징을 가진 구조 단위를 '2차 구조', 단백질 전체가 입체적으로 접힌 구조를 '3차 구조'라고 합니다. 또한 여러 단백질이 모여서 작용하는 다량체일 때 해당 단백질들의 배치를 '4차 구조'라고 해요. 이때 단백질의 3차 구조는 대부분 1차 구조, 즉 아미노산 서열에 따라서 결정됩니다.

[그림 1-31] 아미노산의 결합 방식과 표기법

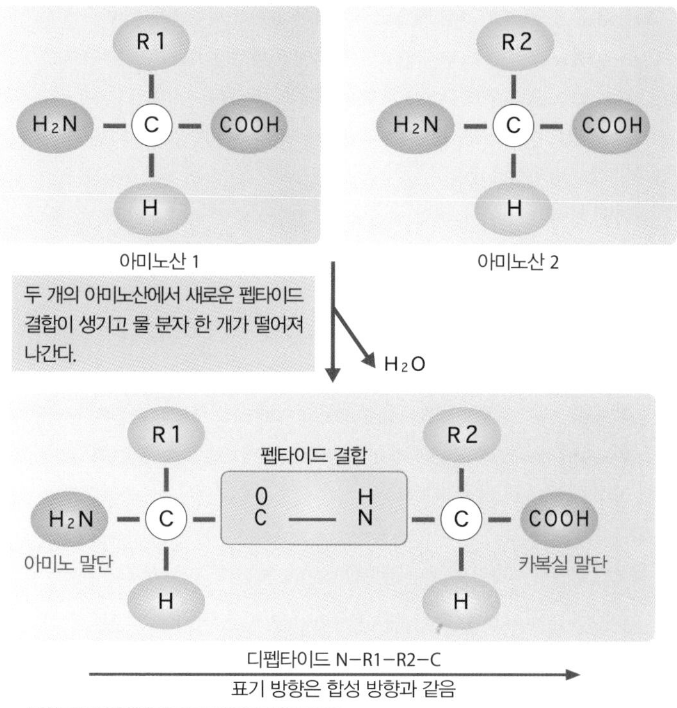

아미노산 서열의 표기법
아미노 말단에서 카복실 말단 방향으로, 왼쪽에서 오른쪽으로 표기한다. 단백질의 합성 방향과 같다.

R1-R2와 R2-R1은 서로 다른 화합물이다.

[그림 1-32] 단백질의 고차 구조

1차 구조 - 아미노산 서열
2차 구조 - α 나선 구조, β 병풍 구조, β-턴 구조 등
3차 구조 - 단백질 전체의 입체 배치
4차 구조 - 다량체일 때 단백질의 배치

아미노산이 결합해 단백질을 합성한다. 작은 단위로 특징적인 구조를 만들고(2차 구조), 이 구조가 접히는 입체적 구조(3차 구조)를 취한다. 이때 3차 구조는 1차 구조에 따라 결정된다.

유전 정보를 통해 생성되는 단백질

인간의 몸은 약 60조 개의 세포로 이루어져 있으며 세포마다 형태나 기능이 모두 다릅니다. 종류 또한 다양하지요. 하지만 아무리 세포가 다양해도 세포핵에는 모두 같은 게놈(유전자 세트)이 들어 있습니다. 이 게놈이 가진 정보 중에서 필요한 때에 필요한 유전자만 작동하게 하여 다양한 형태와 기능을 가진 세포를 형성하지요.

단백질 합성은 전사와 번역 과정을 거쳐 일어나며, 전사와 번역에 관여하는 RNA는 총 세 가지입니다. 전사는 DNA의 유전자 영역에서 전령 RNA(mRNA, messenger RNA)가 합성되는 과정이며 핵 내부에서 일어납니다. 또한 리보솜 RNA(rRNA, ribosomal RNA)와 전달 RNA(tRNA, transfer RNA)가 관여하는 번역 과정은 세포질에 있는 리보솜에서 진행되지요. 리보솜은 rRNA와 다수의 리보솜 단백질로 구성된 입자로 막 구조는 없습니다. 번역은 리보솜에서 mRNA의 코돈 정보를 읽어내 그 정보에 따라 tRNA가 운반해온 아미노산을 결합해 단백질을 합성하는 것을 말하며 반드시 개시 코돈인 AUG에서 시작합니다. 따라서 아미노산 중 하나인 메티오닌(methionine)에서 단백질 합성이 시작되고, 종결 코돈인 UAA, UAG, UGA 중 하나로 끝납니다. 지금까지는 이 규칙을 깬 예외가 발견된 적이 없어 대장균부터 인간까지 모두에게 적용되는 공통 규칙으로 알려져 있어요.

지금까지 설명한 바와 같이 게놈의 DNA는 처음부터 끝까지 핵 안에 있습니다. 게놈 중에서 필요한 유전자를 활성화시켜 mRNA를 합성하고, 핵의 구멍을 통해 세포질로 내보내지요. 그리고 세포질의 리보솜에서 이 mRNA의 정보를 번역해 단백질을 합성합니다. 즉, 우리 몸은 단백질이 필요해지면 필요한 유전자를 핵 내부에서 전사해 mRNA를 합성한 다음, 내보낸다고 할 수 있습니다.

[그림 1-33] 유전자 영역에서 일어나는 유전 정보의 흐름

DNA

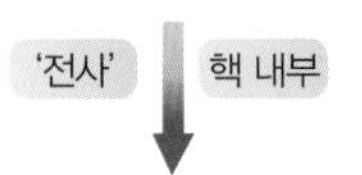

핵 내부에 있는 이중 가닥 사슬 DNA 중 유전자 영역에서 전사가 일어나 mRNA가 합성된다.

mRNA 5’ ACGGUGAUGAGGCUGCCAGUAGCUUCGUAAGCUAUU 3’

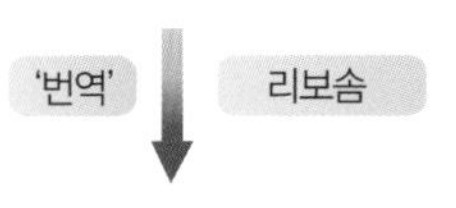

mRNA가 핵에서 세포질에 있는 리보솜으로 이동하고, 번역을 거쳐 단백질이 합성된다.

단백질 MetArgLeuProValAlaSer

[그림 1-34] 세포 내부에서 일어나는 유전 정보의 흐름

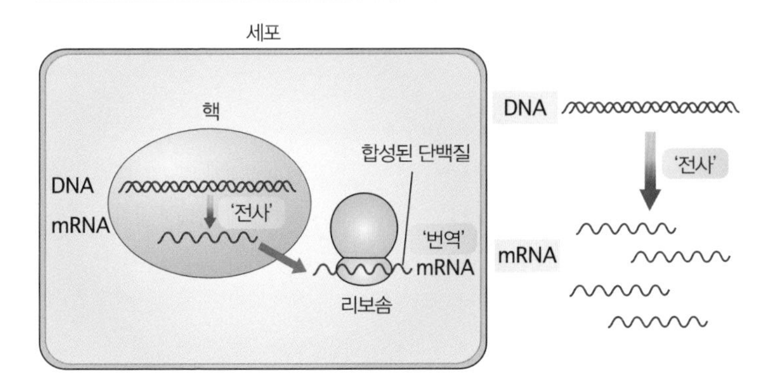

유전 정보의 바탕이 되는 DNA 분자는 핵 안에 단 한 개만 존재하며, 계속 핵 안에 머무른다. 대신 필요할 때 필요한 만큼 전사해서(RNA 합성) 리보솜으로 이동시키고 번역을 거쳐 단백질을 형성한다.

RNA 구조와 작용, 유전 암호 코돈

이번에는 RNA에 대해서 정리해 봅시다. 단백질 합성에 관여하는 세 가지 RNA(mRNA, rRNA, tRNA)는 이중 가닥 사슬 DNA 중 한쪽 사슬을 주형으로 삼고 RNA 중합 효소(RNA polymerase)의 도움을 받아 5′에서 3′ 방향으로 합성됩니다. RNA의 구조는 DNA와 매우 비슷해요. 다만 RNA는 DNA와 달리 뉴클레오타이드의 구성 성분으로 데옥시리보스 대신 리보스를 사용하고, 이중 가닥 사슬이 아니라 단일 가닥 사슬입니다. 또한 티민(T)이 아니라 우라실(U)을 사용하지요. 전사된 RNA는 여러 번의 변형을 거치며 세포질로 이동합니다. rRNA는 리보솜 단백질과 함께 리보솜의 구성 성분이 되고, mRNA는 리보솜에서 일어나는 번역에 사용되며, tRNA는 특이적 아미노산 한 개를 리보솜으로 옮겨 결합시키며 세포질에 존재합니다.

유전자의 염기 서열이 아미노산으로 번역되는 과정은 1960년대에 밝혀졌습니다. 알다시피 염기에는 네 가지, 단백질의 소재가 되는 아미노산에는 20가지가 있습니다. 그런데 mRNA는 염기가 단순히 일직선으로 나열되어 있을 뿐이에요. 이처럼 일차원적이고 특별한 구조도 없는 mRNA가 어떻게 아미노산 서열을 정하는 걸까요? 열쇠는 바로 '코돈(codon)'이 쥐고 있답니다. 염기 한 개로는 네 가지의 정보만 만들고 염기가 두 개여도 4의 제곱, 즉 16가지 정보만 만들 수 있습니다. 따라서 20가지 아미노산을 생성하려면 적어도 세 개의 염기가 필요합니다. 염기가 세 개라면 4의 세제곱, 64가지의 정보를 만들 수 있기 때문이지요. 실제로 아미노산 서열 정보는 세 개의 염기로 만들어진다는 사실이 밝혀졌습니다. 예를 들어 UUU라는 염기 서열이 있으면 페닐알라닌(phenylalanine)이 생성됩니다. 이때 쓰이는 세 개의 염기를 '코돈'이라고 합니다.

[그림 1-35] 단백질 합성에 필요한 RNA의 구조와 종류

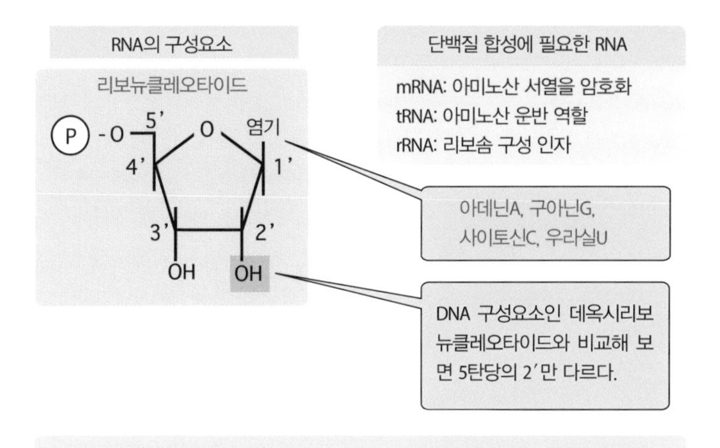

RNA에는 DNA 구성 요소인 티민(T) 대신에 우라실(U)이 쓰인다.

[그림 1-36] 전사 · RNA 합성과 유전자의 관계

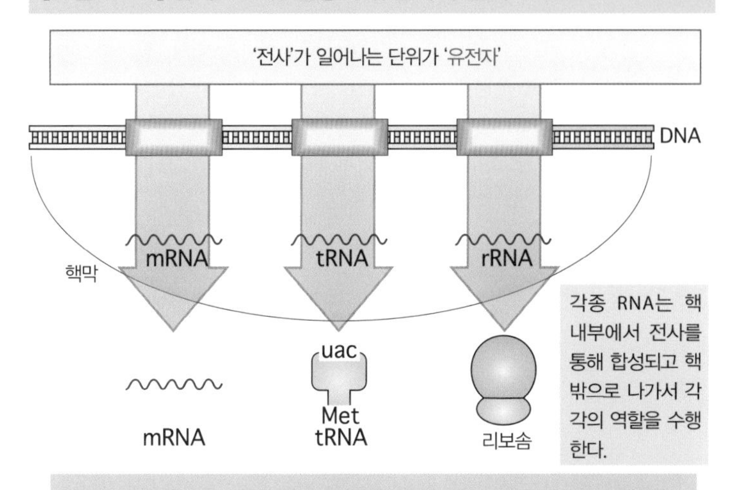

DNA는 상보 사슬이 서로 반대 방향을 향해 마주 보는 이중 가닥 사슬이지만, RNA는 단일 가닥 사슬이며, 분자 내부에서 상보적으로 결합하기도 한다.

코돈과 tRNA

[그림 1-37]은 20가지 아미노산에 대응하는 코돈을 표로 정리한 것입니다. 왼쪽부터 순서대로 아미노산의 명칭, 아미노산의 한 글자 기호, 아미노산의 세 글자 기호, 코돈 순이에요.

메티오닌과 트립토판의 코돈은 각각 하나씩이고, 그 외의 아미노산은 여러 개의 코돈을 가집니다. 두 개의 코돈을 가진 아미노산은 총 아홉 가지이며, 모두 앞쪽 두 개의 염기는 같고 세 번째 염기가 G나 A 또는 U나 C가 됩니다. 세 개의 코돈을 가진 아미노산은 아이소류신뿐인데, 아이소류신 역시 앞쪽 두 개의 염기는 같아요. 네 개의 코돈을 가진 아미노산은 다섯 가지이며 마찬가지로 앞쪽 두 개의 염기는 같고, 세 번째 염기가 네 가지 염기 중 하나입니다. 마지막으로 여섯 개의 코돈을 가진 아미노산은 세 가지이며, 앞에서 설명한 두 개의 코돈을 가진 아미노산과 네 개의 코돈을 가진 아미노산을 합친 코돈을 갖습니다.

tRNA 한 개에는 한 개의 아미노산만 결합할 수 있습니다. 코돈은 총 64개이고, 이중 종결 코돈 세 가지는 아미노산을 지정하지 않기 때문에 코돈과 tRNA가 1:1로 대응하려면 61가지의 tRNA가 필요합니다. 그런데 코돈의 앞쪽 두 염기만 인식하고 세 번째 염기는 식별하지 않는 tRNA가 있습니다. 알라닌(A, Ala)을 비롯한 8가지 아미노산이 이에 해당하지요. 만약 모든 경우에서 tRNA 한 개로 충분하다면 필요한 tRNA의 수는 8×3개만큼 줄어서 37가지가 됩니다. 실제 게놈에 쓰여있는 tRNA의 수는 생물종에 따라 다르며, 인간은 497가지의 tRNA를 가지고 있는 것으로 알려졌습니다. 그중 '안티코돈'의 종류는 48가지뿐입니다.

[그림 1-37] mRNA의 코돈과 아미노산의 관계 – 코돈표

메티오닌	M	Met	AUG					
트립토판	W	Trp	UGG					
시스테인	C	Cys	UGU	UGC				
아스파라진산	D	Asp	GAU	GAC				
글루탐산	E	Glu	GAG	GAA				
페닐알라닌	F	Phe	UUU	UUC				
히스티딘	H	His	CAU	CAC				
라이신	K	Lys	AAG	AAA				
아스파라진	N	Asn	AAU	AAC				
글루타민	Q	Gln	CAG	CAA				
티로신	Y	Tyr	UAU	UAC				
아이소류신	I	Ile	AUU	AUC	AUA			
알라닌	A	Ala	GCU	GCG	GCC	GCA		
글리신	G	Gly	GGU	GGG	GGC	GGA		
프롤린	P	Pro	CCU	CCG	CCC	CCA		
트레오닌	T	Thr	ACU	ACG	ACC	ACA		
발린	V	Val	GUU	GUG	GUC	GUA		
류신	L	Leu	CUU	CUG	CUC	CUA	UUG	UUA
아르지닌	R	Arg	CGU	CGG	CGC	CGA	AGG	AGA
세린	S	Ser	UCU	UCG	UCC	UCA	AGU	AGC
종결 코돈			UGA	UAG	UAA			

AUG는 개시 코돈도 겸한다.

코돈은 64가지가 있다. 아미노산에 대응하는 코돈 61가지와 번역의 끝을 지정하는 종결 코돈이 세 가지가 있다.

코돈의 첫 번째와 두 번째 염기는 같고 세 번째 염기만 다르다.

종결 코돈에 대응하는 tRNA는 없다.

[그림 1-38] tRNA의 구조 – 안티코돈으로 아미노산을 결합시킨다.

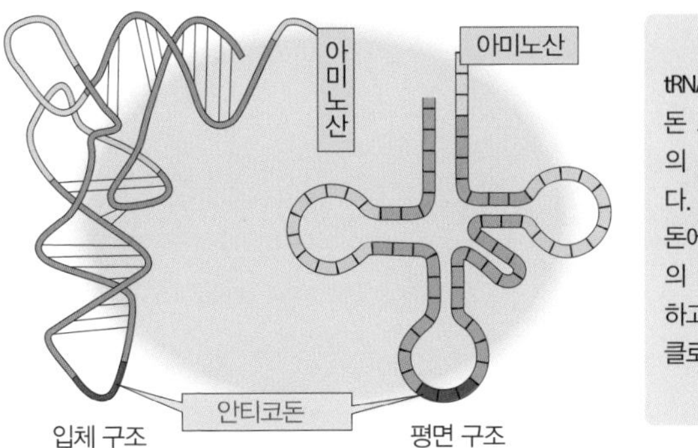

tRNA의 안티코돈은 코돈 표에 있는 mRNA의 코돈과 상보적이다. tRNA에는 안티코돈에 대응하는 한 개의 아미노산만 결합하고, 2차원으로 보면 클로버잎 구조이다.

전사 – mRNA의 합성

유전자의 시작과 끝에는 전사를 조절하는 부분이 있습니다. 유전자는 세포의 증식이나 분화를 일으키라는 자극을 받으면 유전자의 위쪽(5′)에 있는 조절 영역, '프로모터(promoter)'가 활성화되면서 필요한 유전자의 전사를 시작합니다.

우선 특정 유전자에서 mRNA가 합성된 후, 재구성됩니다. 유전자에는 '엑손(exon)'과 '인트론(intron)'이라는 영역이 번갈아 존재하는데, mRNA가 재구성되며 인트론이 제거되고 엑손만 남습니다. 이 과정을 '스플라이싱(splicing)'이라고 하며, 재구성된 엑손에는 암호화된 아미노산 서열이 들어 있습니다. 이렇게 한 개의 유전자가 스플라이싱하는 방식은 한 가지가 아닙니다. 스플라이싱을 여러 번 일으켜(선택적 스플라이싱) 한 개의 유전자에서 여러 개의 단백질이 합성되기도 합니다.

프로모터에 결합해서 전사를 조절하는 인자, 유전자의 DNA를 주형으로 mRNA를 합성하는 효소군, 스플라이싱을 조절하는 인자 등 전사(또는 번역)와 관련된 인자는 모두 단백질입니다. 유전자는 오로지 단백질만 합성할 뿐이며, 단백질 합성에는 다양한 단백질 인자가 관여합니다. 따라서 일반적으로 증식이 필요하다는 자극을 받으면 먼저 전사 인자의 전사가 촉진되고, 서둘러 전사 인자를 합성해 그 인자의 도움을 받아야만 증식 관련 단백질의 전사와 번역을 시작할 수 있습니다. 즉 우리 몸은 잠들어 있던 유전자가 한꺼번에 활성화되지 않고 자극을 통해 단계적으로 전사와 번역이 조절되어 필요한 단백질만 합성하고, 필요 없어진 단백질은 신속하게 분해하는 시스템을 갖추고 있습니다.

[그림 1-39] 전사와 번역의 조절

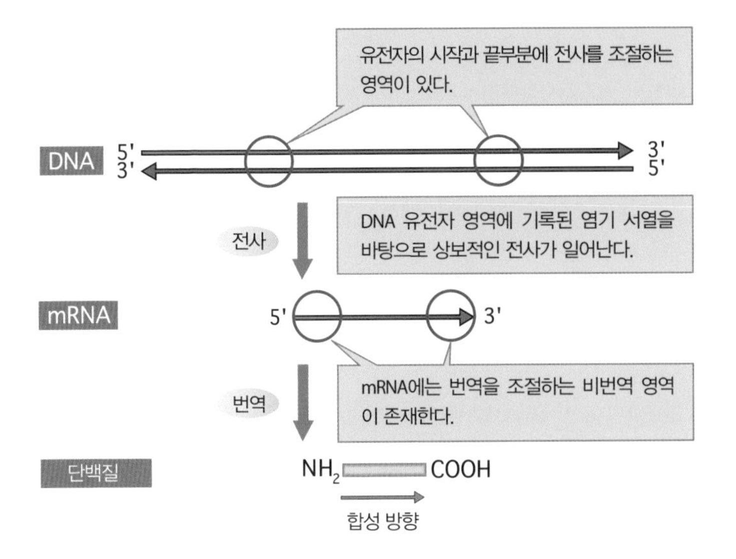

[그림 1-40] 전사 과정에서 발생하는 스플라이싱

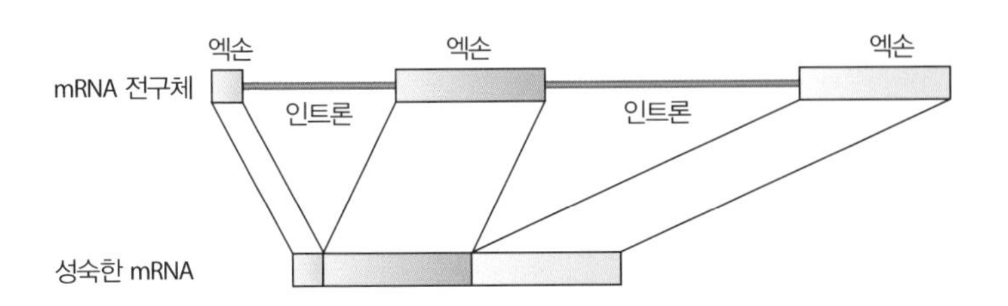

유전자는 인트론에 의해서 끊겨있다. 유전자 영역에서 전사가 일어나 일단 mRNA의 전구체가 합성된 후에 스플라이싱을 통해 인트론이 제거되고 엑손만으로 구성된 성숙한 mRNA가 만들어진다. 여기서 만들어진 성숙한 mRNA가 리보솜과 결합해 단백질 합성에 쓰인다.

번역 – 단백질 합성

핵 안에서 합성된 mRNA는 세포질에 있는 리보솜으로 이동해 번역 과정, 즉 단백질 합성에 이용됩니다.

번역은 코돈표에 따라 tRNA의 도움을 받아서 진행되는데, tRNA 끝단에는 아미노산 한 개가 붙어 있습니다. 아미노산이 결합된 이 부위의 반대편에는 코돈과 상보적인 배열을 가진 '안티코돈'이 존재하며 이 안티코돈에 따라 tRNA에 결합할 아미노산이 결정됩니다.

mRNA가 리보솜에 결합하면 코돈 단위로 해독되고, 해독된 염기 서열은 다시 아미노산 서열로 번역되어 아미노산 중합체를 합성합니다.

조금 더 자세히 살펴볼까요? 먼저, 번역을 시작하라는 메시지인 'AUG'가 해독되면 AUG라는 코돈에 상보적인 배열(안티코돈)을 가진 tRNA가 리보솜에 접근합니다. 이 tRNA에는 메티오닌이 결합되어 있고, 메티오닌 tRNA의 안티코돈과 해독된 mRNA의 AUG가 결합합니다. 메티오닌이 결한한 옆 자리에 새로 운반된 tRNA가 결합하여 두 아미노산 사이에 펩타이드 결합이 형성됩니다. 이때 리보솜은 코돈 1개, 즉 염기 3개씩 이동합니다. 새롭게 생긴 mMRA 코돈에 대응하는 안티코돈을 가진 tRNA가 결합하고 계속해서 아미노산 사이에 펩타이드 결합이 일어나 폴리펩타이드가 만들어집니다. 리보솜을 구성하는 인자(촉매)는 이 결합 반응을 도와줍니다.

이 과정을 반복하며 mRNA의 코돈이 계속해서 해독되고 아미노산 중합체인 단백질이 합성됩니다. 코돈은 틈이 생기거나 겹치는 일 없이 연속된 코돈이 순서대로 계속 해독됩니다. 그래서 종결 코돈이 필요해요. 종결 코돈에는 UAA, UAG, UGA가 있으며, 이 세 가지 코돈에 대응하는 안티코돈을 가진 tRNA는 존재하지 않습니다. 종결 코돈에는 tRNA 대신에 특정 단백질이 결합하는데, 이 단백질이 마지막으로 결합한 tRNA의 폴리펩타이드를 끊습니다. 따라서 세 가지 종결 코돈 중 하나만 있으면 번역이 종료되고, 합성된 폴리펩타이드는 리보솜에서 완전히 분리됩니다. 리보솜에서 분리된 후에는 mRNA도 분해되기 때문에 더는 불필요한 번역이 일어나지 않습니다.

[그림 1-41] 번역 – 단백질 합성의 원리

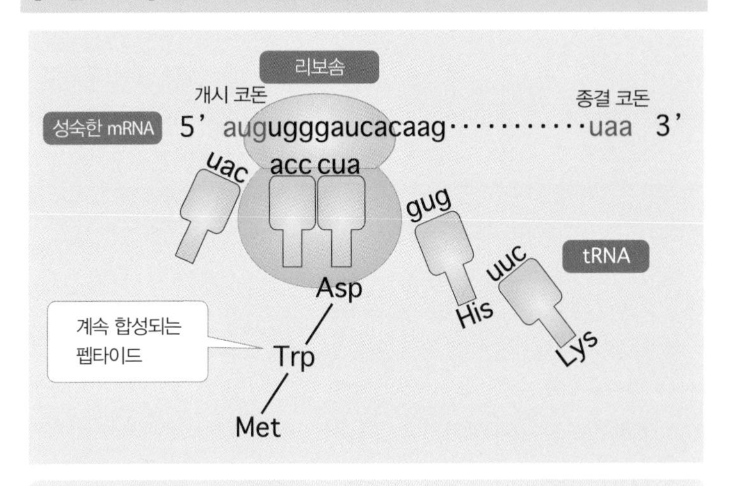

① 리보솜에 mRNA가 결합한다.
② 처음에는 AUG 코돈에서 번역이 시작된다.
③ AUG 코돈과 상보적인 안티코돈을 가진 tRNA가 결합한다. 이 tRNA에는 메티오닌(Met)이 붙어 있다.
④ 그다음에 있는 코돈과 상보적인 안티코돈을 가진 tRNA가 결합한다. 위 예에서는 코돈이 UGG이므로 결합하는 아미노산은 트립토판(Trp)이다. 따라서 메티오닌(Met)와 트리토판(Trp)이 펩타이드 결합으로 이어진다.
⑤ tRNA로 인해 계속해서 다음 코돈이 해독되고 tRNA가 운반해 온 아미노산이 순차적으로 이어진다.
⑥ 종결 코돈이 오면 더 이상 대응하는 tRNA가 없으므로 번역이 종료된다.

합성된 단백질의 목적지

리보솜에서 합성된 단백질은 아미노산 서열에 따라 세포 안에서 어디로 가서 배치될지 정해집니다. 만약 단백질이 소포체로 가는 '신호 펩타이드(signal peptide)'를 가지고 있다면 리보솜이 소포체와 결합하고, 합성된 단백질은 신호 펩타이드의 힘으로 소포체 막을 통과해서 소포체 안으로 들어가지요. 그다음 소포체 안에서 각각의 단백질에 특이적인 화학 변형(modify)이 일어납니다. 이때 단백질의 변형을 담당하는 물질 또한 단백질입니다. 이와 같은 변형은 소포체에서만이 아니라 다음으로 통과하는 골지체 안에서도 일어나고, 그 후에 세포 밖으로 분비되기도 합니다.

반면 소포체로 가는 신호 펩타이드를 가지고 있지 않은 단백질은 세포질 안에서 유리된 리보솜 상태로 번역이 진행됩니다. 또한 세포 내 소기관으로 가는 '전달 신호'를 가진 단백질은 일단 합성되어 세포질에서 유리된 후에 신호에 따라서 미토콘드리아, 엽록체, 핵으로 들어갑니다. 전달 신호를 가지지 못한 단백질은 세포질로 방출되어 세포질 내 단백질이 됩니다. 이처럼 단백질은 번역된 후에 다양한 기능과 구조를 가진 단백질이 되어 각자 역할을 할 장소로 이동합니다.

미토콘드리아나 엽록체 속에는 미토콘드리아 DNA와 엽록체 DNA가 있으며, 각자 독자적인 전사, 번역 시스템을 갖추고 있습니다. 따라서 미토콘드리아와 엽록체는 핵 게놈과는 독립적으로 단백질을 합성할 수 있습니다. 다만 그것만으로는 미토콘드리아와 엽록체를 구성할 수 없으므로 핵 게놈의 유전자에서 유래한 단백질도 사용합니다.

[그림 1-42] 합성된 단백질의 목적지

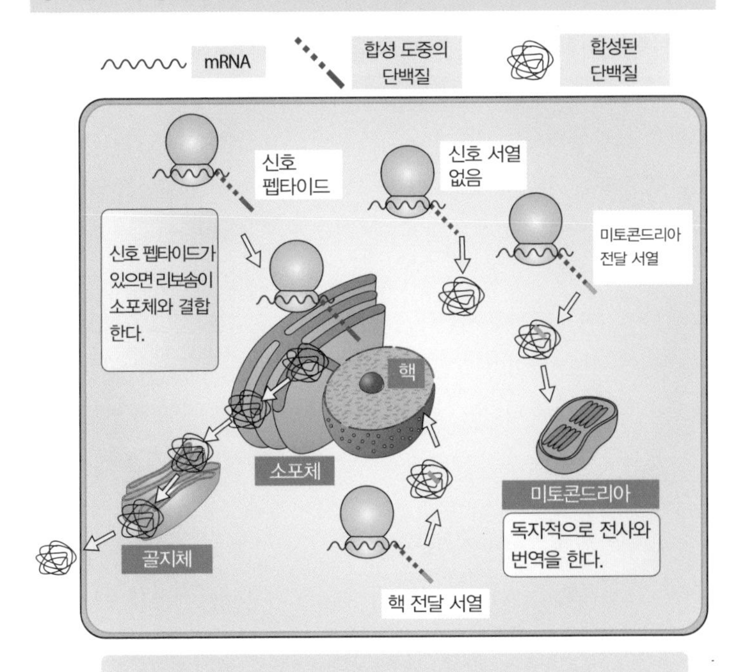

모든 단백질은 리보솜에서 합성되고, 합성된 단백질의 아미노산 서열에 따라 그 후에 목적지가 정해진다.

- 신호 펩타이드를 가진 경우
  소포체에서 단백질이 합성되어 골지체를 지나 세포 밖으로 나간다.
- 세포 내 전달 서열을 가진 경우
  핵이나 미토콘드리아와 같은 세포 내 소기관으로 이동한다.
- 신호 서열이 없는 경우
  세포질에 머문다.

콜라겐과 히알루론산을 먹으면 정말 효과가 있을까?

콜라겐을 먹거나 콜라겐 성분이 든 화장품을 바르면 피부가 좋아진다고 믿는 사람이 의외로 많습니다. 식품 관련 프로그램에서 '콜라겐이 들어 있다'라는 말에 반사적으로 콜라겐의 미용 효과를 언급하는 출연자들을 자주 볼 수 있지요. 콜라겐은 정말 미용에 효과가 있을까요?

콜라겐은 단백질로 아미노산이 결합해 생성된 거대 분자입니다. 말 그대로 단백질이기 때문에 섭취하면 다른 단백질과 마찬가지로 아미노산이나 다량의 아미노산이 결합된 펩타이드로 분해되어 영양분이 됩니다. 단백질이 특정 기능을 하려면 그에 맞는 구조가 필요하고, 구조가 변하면 기능도 달라집니다. 즉 생 콜라겐을 먹었다 해도 분해되면 그 기능은 사라진다는 말입니다.

만약 섭취한 콜라겐이 분해되지 않고 기능한다고 해도 미용 효과를 기대하려면 필요한 곳, 예를 들어 피부로 이동해야 합니다. 하지만 우리의 몸 안에는 단백질처럼 거대한 분자가 돌아다닐 수 있는 시스템이 없기 때문에 이 또한 기대하기 어렵습니다.

그리고 설령 섭취한 콜라겐이 필요한 장소까지 이동했다고 해도 미용 효과는 기대하기 어렵습니다. 식용으로 쓰이는 콜라겐은 사람이 아니라 대부분 생선에서 추출합니다. 고급 식재료에서 추출했다며 홍보하는 제품도 있지만, 전혀 의미가 없습니다. 인간의 콜라겐만 해도 종류가 30가지가 넘고 부위별로 필요한 형태가 다릅니다. 당연히 인간의 콜라겐과 다른 생물의 콜라겐은 구조와 기능이 같지 않아요. 그런데도 왜 생선의 콜라겐이 우리에게도 효과가 있다고 믿을까요?

만약 사람에게서 추출한 콜라겐으로 식품을 만든다고 생각해 보세요. 식품에 인간의 피부와 뼈, 아킬레스건에서 추출한 콜라겐이 듬뿍 들어 있다고 쓰여 있다면 여러분은 먹을 수 있나요? 이런 인간 유래의 콜라겐을 조달하려면 일단 콜라겐을 제공할 수 있는 사람이 필요합니다. 그리고 섭취한 콜라겐이 필요한 장소로 이동했다고 해도 단독으로 작용하지 못하기 때문에 다른 여러 분자의 개입이 필요해요.

일부 사람들은 콜라겐을 먹거나 마시는 이유를 콜라겐이 몸속에서 기능하기를 바라는 것이 아니라 콜라겐의 합성을 돕기 위해서라고 주장합니다. 이 주장을 완전히 부정할 수는 없지만 아직 신뢰할 만한 증거는 밝혀지지 않았어요. 애당초 생화학자들은 최종 산물을 먹으면 그 물질의 합성을 촉진할 수 있을지도 모른다는 순진한 생각 자체를 하지 않습니다.

콜라겐과 비슷하게 미용 효과가 있다고 알려진 물질로 '히알루론산'이 있습니다. 히알루론산 역시 콜라겐과 마찬가지로 거대 분자에요. 두 종류의 당이 결합한 물질이지요. 하지만 히알루론산도 먹으면 분해되고, 우리 몸에는 거대 분자인 히알루론산을 필요한 곳으로 운반하는 시스템 역시 존재하지 않습니다.

콜라겐이든 히알루론산이든 필요한 분자는 필요한 곳에서, 필요할 때, 필요한 만큼 만들어지고, 필요 없어지면 신속하게 분해됩니다. 이러한 시스템이 없다면, 또는 균형이 무너진다면 다양한 문제가 발생할 것입니다.

최종 산물을 먹었을 때, 그 물질을 합성하는 시스템이 계속 해당 물질을 생성한다면 어떤 일이 생길지 생각해 보면 쉽게 이해할 수 있을 거예요.

돌연변이 – 진화의 원동력

지금까지 분자 생물학의 기본 개념에 관해 설명했습니다. 여기서 잠깐 진화와 질병을 DNA 관점에서 살펴보도록 할까요?

진화의 원동력은 '돌연변이'입니다. 방사선이나 담배에 포함된 화학 물질을 비롯해 돌연변이를 일으키는 원인은 매우 다양해요. 이렇게 돌연변이를 일으킨 개체를 우리는 '돌연변이체'라고 부릅니다.

돌연변이는 염색체 돌연변이, 유전자 돌연변이, 염기 돌연변이로 나눌 수 있습니다. 염색체 돌연변이에는 한 개의 염색체 안에서 발생하는 결실, 역위, 중복, 전좌가 있습니다. 염색체 돌연변이는 염색체 간에서도 발생할 수 있어요. 또한 염색체가 통째로 사라지거나 중복되는 일도 발생합니다. 유전자 돌연변이는 DNA의 염기 서열에 변화를 일으킵니다. 그 결과 단일 염기의 치환이나 결실, 삽입과 같은 돌연변이가 발생해요. 유전자 돌연변이는 방사선이나 화학 물질과 같은 외적 요인으로도 발생하지만, DNA 복제 실수와 같은 내적 요인으로 발생하기도 합니다.

일반적으로 돌연변이로 인해 DNA에 손상이 생기는 일은 무작위로 일어납니다. 진핵생물의 게놈 중 유전자 영역은 고작 몇 퍼센트에 불과하고, 심지어 모든 변이가 아미노산 서열이나 단백질의 구조, 기능에 변화를 주는 것도 아니에요. 하지만 원핵생물은 게놈 대부분이 유전자 영역이기 때문에 돌연변이의 영향을 크게 받습니다. 유전자 영역에서 단일 염기의 결실이나 삽입이 발생하면 그 뒤에 있는 코돈의 해독틀이 틀어지기 때문에(틀 이동, frameshift) 번역되는 아미노산이 바뀌고 단백질 구조 형성에 큰 영향을 미칩니다.

동식물의 경우 돌연변이가 생식 세포 계열까지 영향을 미치면 자손에게도 그 영향이 이어집니다. 다만 생존에 유리한 변이는 진화의 원동력이 되기도 합니다.

[그림 1-43] 돌연변이는 진화의 원동력

한 개의 염색체 안에서 일어나는 변이

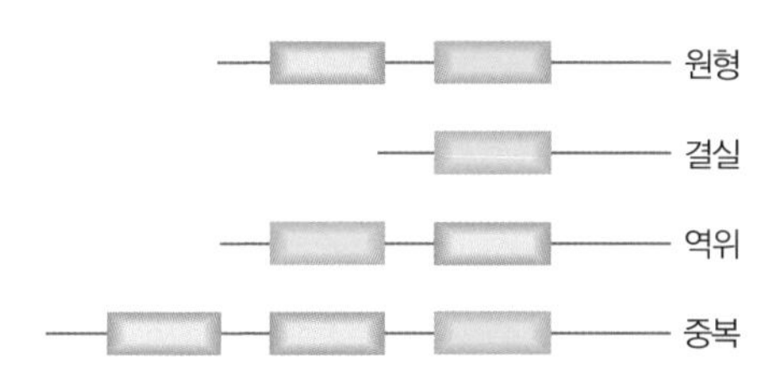

특정 덩어리가 결실되거나 중복된다.

단일 염기의 치환, 결실, 삽입

AGCTAGCTAGCTAGCT 원형

AGCTGGCTAGCTAGCT 치환

AGCT GCTAGCTAGCT 결실
A

AGCT AGCTAGCTAGCT 삽입
A

유전자 영역에서는 틀 이동이 발생한다. 그 결과 결실이나 삽입이 생긴 코돈의 뒤쪽은 해독틀이 틀어진다.

mRNA에는 세 종류의 해독틀(frame)이 있으며, 이 중 어느 것을 쓸지는 개시 코돈인 AUG에 의해서 결정된다.

틀이동(frameshift)

화살표로 표시한 A가 결실된 경우

코돈의 해독틀이 틀어져 번역되는 아미노산이 바뀐다.

돌연변이 – 유전자 변이 관련 질병

이번에는 DNA나 유전자가 질병과 어떤 관계가 있는지 간단히 살펴봅시다. 돌연변이원의 영향을 받아 체세포에 돌연변이가 발생하면 해당 개체가 가진 기능이 변하기도 합니다. 그리고 유전자의 염기 서열 변이로 발생하는 단백질의 변화는 대부분 바람직하지 않은 방향으로 작용하지요. 가끔은 생존에 유리한 변이가 발생하기도 하지만, 대부분은 단백질이 기능을 잃거나 다른 작용을 하면서 원치 않는 형질이 발현되기도 합니다.

우리가 일상생활에서 접하는 변이 발생 원인 중 가장 큰 영향을 미치는 인자는 담배입니다. 물론 담배를 피운다고 무조건 변이가 발생한다는 말은 아닙니다. 다만 우리 몸 안에는 폐암과 같은 암을 유발하는 유전자가 많이 존재합니다. 따라서 담배를 피우거나 간접흡연으로 연기를 마시면 폐 조직의 세포가 돌연변이원과 접할 기회가 늘어나 변이가 발생할 확률이 높아집니다. 실제로 담배 때문에 DNA가 손상되는 일이 늘고 있고, 그 손상이 반드시 암으로 이어진다고는 할 수 없지만 결과적으로 질병과 관련된 유전자가 손상될 위험도 늘어납니다.

돌연변이원이 DNA에 미치는 변이의 정도는 정량적으로 조사할 수 있습니다. 이 방법을 이용하면 발암 위험도를 평가할 수 있지요. 우리는 대부분 잔류 농약이나 식품 첨가물을 적대시하지만, 평가 결과 담배와 담배 연기, 식품의 원료인 식물 자체가 가진 발암 물질이 암을 유발하는 성질이 훨씬 강하다는 사실이 밝혀졌습니다.

돌연변이와 비슷한 용어에 '기형'이라는 말이 있습니다. 하지만 기형은 유전자 변화가 아니라 발생 과정에서 어떤 문제가 생긴 결과로 태어난 개체를 의미하기 때문에 돌연변이와는 다릅니다.

[그림 1-44] 돌연변이와 질병의 관계

변이원이 DNA에 변이를 일으키면 합성되는 단백질의 기능과 구조, 양이 변한다.

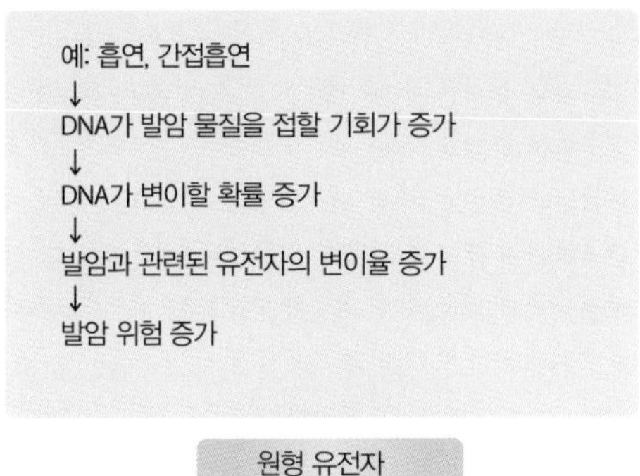

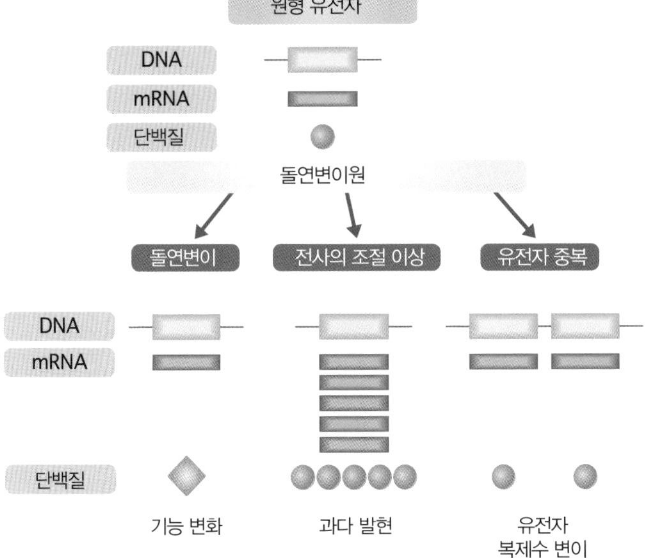

단백질의 기능 변화만이 아니라 정상 단백질이 필요 이상으로 합성되어도 질병의 원인이 될 수 있다.

세포의 다양성 – 같은 게놈에서 다양한 세포가 만들어지는 이유

인간 게놈 DNA가 없으면 인간은 태어날 수 없습니다. 그렇다고 인간 게놈 DNA만으로 태어날 수 있는 것도 아닙니다. 다시 말해 인간 게놈은 인간을 만드는 데 필요한 정보이며 세포에서 세포로, 부모에게서 자식으로 전달되는 정보입니다. 하지만 인간 게놈만으로는 세포를 만들 수 없으므로 발생, 분화, 세포 분열도 일어나지 않습니다.

게놈의 정보를 활용하려면 세포라는 시스템이 필요합니다. 게놈은 세포 내부와 세포 간에 존재하는 복잡한 네트워크 안에서만 효력을 발휘하지요.

인간을 구성하는 60조 개의 세포는 기본적으로 모두 같은 게놈을 가지고 있습니다. 거의 모든 세포가 같은 유전자 세트를 가지고 있다는 말인데, 솔직히 이 사실을 알게 된 지도 그리 오래되지 않았답니다.

다세포 생물은 일반적으로 수정란에서 만들어집니다. 단 한 개의 세포인 수정란이 난할과 분화를 거쳐 개체가 발생하지요. 분화한 세포와 수정란의 게놈이 같다는 사실은 복제 동물을 만드는 실험을 통해 이미 증명되었습니다. 핵을 제거한 난자에 분화한 세포나 그 세포의 핵을 이식하는 이른바 '핵 이식'을 통해 발생시켜도 정상적인 개체가 탄생합니다. 즉 분화한 세포도 게놈을 통해 개체를 만들 수 있고, 수정란과 같은 게놈을 가지고 있다는 말입니다.

그런데 개체를 만드는 세포에는 다양한 종류가 존재하며, 각각의 형태와 크기, 기능이 모두 다릅니다. 같은 게놈을 가지고 있는데 어떻게 다양한 세포로 분화할 수 있는 걸까요?

이는 모든 세포에서 모든 유전자가 작용하는 것은 아니기 때문입니다. 세포종에 따라 작용하는 유전자 세트가 다르고 유전자가 작용하는 빈도와 시점도 각각 다릅니다. 그 결과 세포종에 따라 합성되는 단백질의 종류와 양이 달라지고, 세포는 다양한 기능을 가지게 되지요. 이때 어떤 유전자가 작용할지는 수많은 단백질이 조절합니다. 이처럼 한 세포에서 기능과 구조가 다른 세

[그림 1-45] 체세포는 수정란의 복제 세포

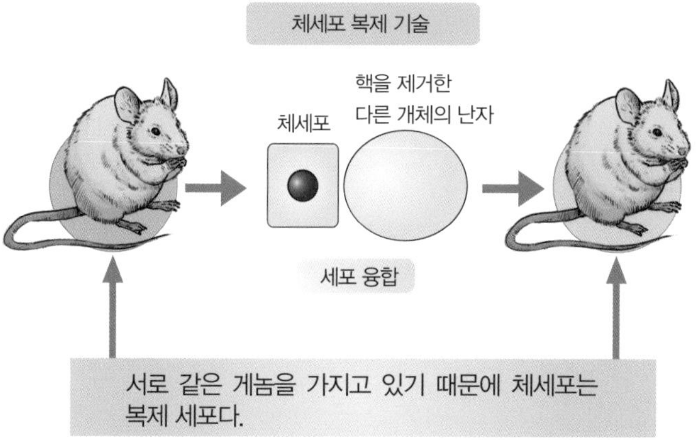

체세포 복제 기술

체세포

핵을 제거한
다른 개체의 난자

세포 융합

서로 같은 게놈을 가지고 있기 때문에 체세포는
복제 세포다.

[그림 1-46] 체세포의 클론성과 다양성

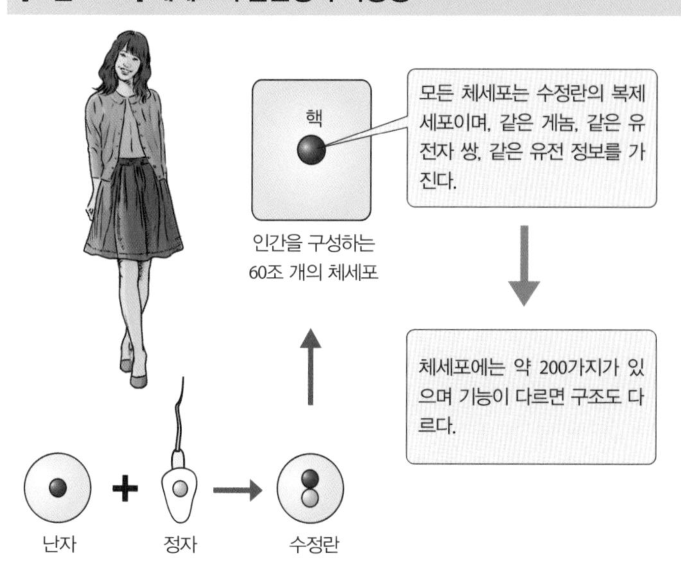

포로 변하는 현상을 '세포 분화'라고 합니다. 다만 게놈은 분화해도 기본적으로 변하지 않습니다.

예를 들면 인간의 콜라겐 단백질은 그 종류가 30가지 이상이며, 게놈에는 종류별로 각각의 유전자가 존재합니다. 모든 세포는 모든 콜라겐의 유전자를 가지고 있지만 조직이나 세포에 따라 작용하는 콜라겐 유전자가 다르기 때문에 조직별로 다른 종류의 콜라겐이 만들어집니다.

앞에서 설명했듯이 한 개의 유전자가 한 가지 단백질만 합성하는 것이 아닙니다. [그림 1-47]에서처럼 선택적 스플라이싱을 통해 여러 개의 단백질을 형성하기도 하지요. 인간은 약 2만 개 정도의 유전자를 가지고 유전자 수보다 훨씬 다양한 단백질을 만들 수 있습니다. 같은 유전자가 특정 장기에서는 A형 단백질만을 만들고, 다른 장기에서는 B형 단백질만을 만드는 현상이 발생하기 때문입니다.

그 결과 분화된 세포별로 가지는 다양성은 더 복잡한 발현 양상을 보이게 됩니다. 따라서 인간과 침팬지가 가진 게놈의 차이는 단순히 게놈의 염기 서열로 추정할 수 있는, 단백질의 아미노산 서열만으로는 알 수가 없습니다. 발현 과정까지 고려하면 인간과 침팬지는 염기 서열의 차이 이상으로 세포 기능에서도 차이를 보일 것입니다.

[그림 1-47] 같은 게놈을 가진 체세포가 다양성을 갖는 이유

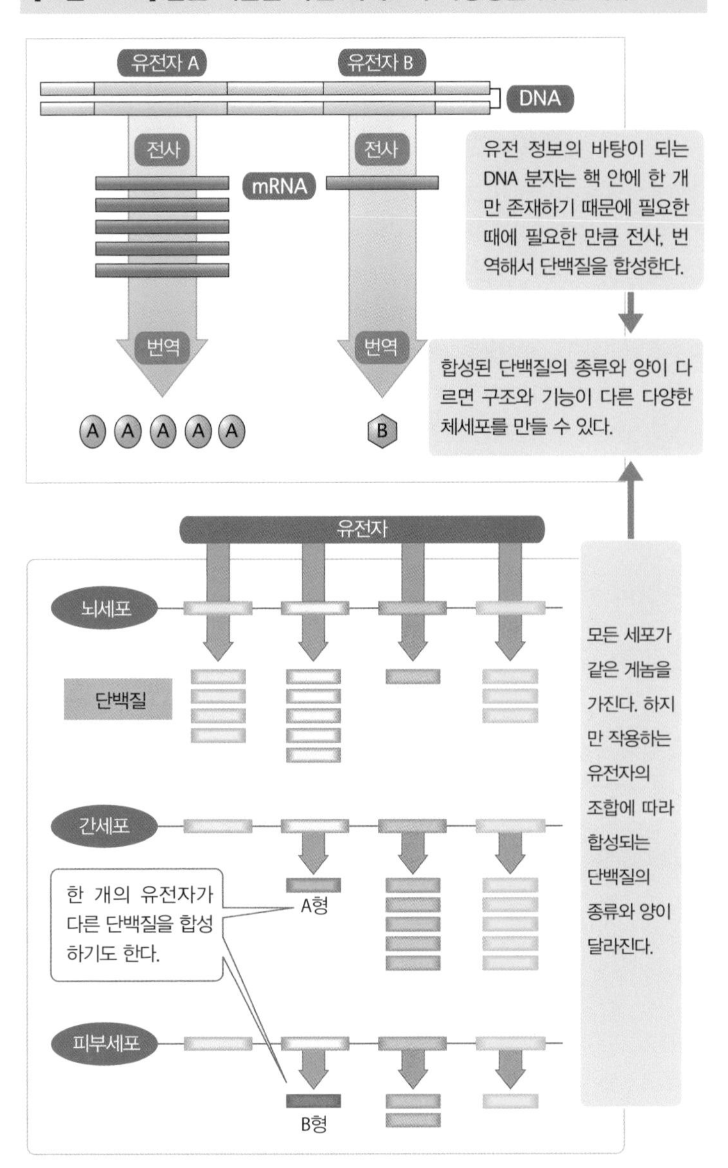

다른 게놈을 가진 체세포 – 의외로 상처투성이인 DNA

기본적으로 모든 체세포는 수정란과 같은 게놈을 갖습니다. 하지만 몇 가지 예외가 있답니다.

DNA 복제 과정 중 실수가 발생하고, 만약 그 실수를 복원하지 못하면 염기 서열이 바뀝니다. 또한 환경 인자로 인해 발생하는 돌연변이로도 염기 서열이 달라질 수 있습니다([그림 1-43, 1-44] 참고). 또한 화학 물질이나 방사선과 같은 화학적, 물리적 영향을 받으면 화학 물질인 DNA 분자에 화학 변형이 발생합니다. 안타깝게도 이런 현상들은 막을 수 없어요.

또한 염색체 DNA 끝단에 있는 '텔로미어(telomere)'는 세포 분열을 거듭할수록 짧아집니다. 염색체를 끝부분까지 완전히 복제할 수 없기 때문이지요. 복제는 프라이머가 결합한 부분에서 3′ 말단 쪽으로 가는 방향으로만 할 수 있기 때문에 복제할 때는 우선 시작점이 될 프라이머가 필요합니다. 따라서 5′의 가장 끝부분은 복제할 수 없어 복제를 거듭할 때마다 끝부분의 서열이 짧아집니다.

바이러스에 감염되어 숙주의 게놈에 외부 유전자가 삽입되는 일도 일어납니다. 일반적으로 세포 분열 시에는 모세포의 유전 정보만 전달되지만, 바이러스는 숙주 게놈을 파고드는 성질을 이용해 증식하기 때문에 바이러스의 공격을 받으면 바이러스 게놈이 숙주 게놈에 삽입됩니다.

그 밖에 게놈 내부를 돌아다니는 유전자인 '전이 인자(transposon)'가 환경 인자의 영향을 받아 유도되는 일도 있습니다. 또한 항체 생산 세포와 같이 면역에 관련된 세포에서는 게놈 수준으로 항체 생산 유전자의 재조합이 일어나기도 해요. 이처럼 체세포는 수정란의 복제 세포라고는 하지만 그 안에 있는 게놈 DNA는 의외로 상처투성이라 할 수 있습니다.

[그림 1-48] 체세포 게놈의 다양성

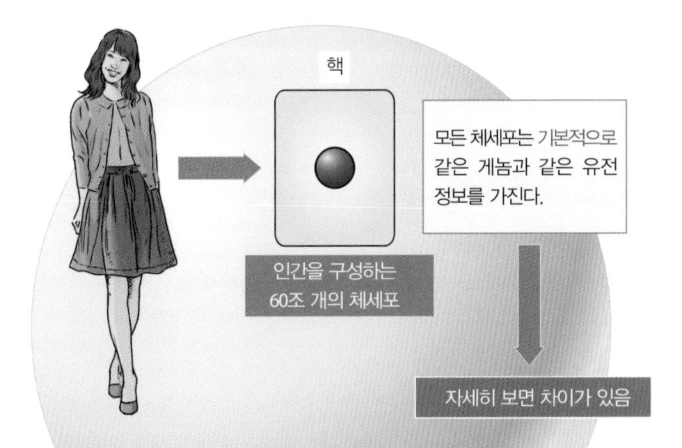

- 복제 중에 발생하는 실수와 돌연변이로 인한 변이
  염기의 일부분이 잘리거나 다른 염기로 바뀐다. 이와 같은 단일 염기의 변이부터 염색체 수준의 변이까지 다양하다.
- 텔로미어의 길이 변화
  세포 분열을 할 때마다 DNA의 양 끝단에 있는 텔로미어가 짧아진다.
- 바이러스 감염 여부
  바이러스의 숙주 세포가 되면 숙주의 게놈에 바이러스의 DNA가 삽입된다.
- 움직이는 유전자
  유전체 위를 무작위로 돌아다닌다.
- 항체 생산 세포
  게놈 DNA 단계에서 유전자 재조합이 일어난다.

1-4 유전자의 구체적인 구조

사이토크롬 C 유전자

이번에는 유전자 구조를 시각적으로 보기 위해 유전자의 전체 구조를 살펴볼 것입니다. 먼저 사이토크롬 C 유전자의 전체 염기 서열과 아미노산 서열부터 볼까요? 사이토크롬 C는 단백질 구조 연구에 자주 사용하는 단백질입니다.

염기 서열은 5′에서 3′ 방향(mRNA와 같은 방향)의 서열만 기재했습니다. 실제 DNA는 이중 나선이기 때문에 역방향으로 늘어나는 또 하나의 사슬이 있지만, 한쪽 사슬의 염기 서열을 알면 다른 한쪽 사슬의 염기 서열은 자동으로 정해지기 때문에 보통 한 가닥의 서열만 적습니다. 그래서 예외가 있긴 하지만, 진핵생물은 특정 유전자 영역에서 한쪽의 유전 정보만 사용합니다.

진핵생물의 유전자는 대부분 인트론에서 분리됩니다. [그림 1-40]에서 설명한 스플라이싱을 통해 엑손 부분만으로 재구성하면 단백질로 번역되는 mRNA가 생성되지요. 인간의 사이토크롬 C는 우선 81번째 C에서 2512번째 A까지가 핵 안에서 mRNA에 전사됩니다. 이것이 '초기 전사 산물'입니다. 그 안에 엑손1, 인트론1, 엑손2, 인트론2 및 엑손3이 포함되어 있어요. 이 초기 전사 산물 중 인트론1과 인트론2 부분이 분리된 후에 엑손1, 엑손2, 엑손3이 재결합하면 성숙한 mRNA가 합성되고 세포질에 있는 리보솜에 결합합니다. 그 후 최초의 AUG 코돈을 시작으로 105개 아미노산이 해독된 다음, 종결 코돈인 UAA를 끝으로 번역이 종료됩니다.

[그림 1-49] 인간의 사이토크롬 C 유전자

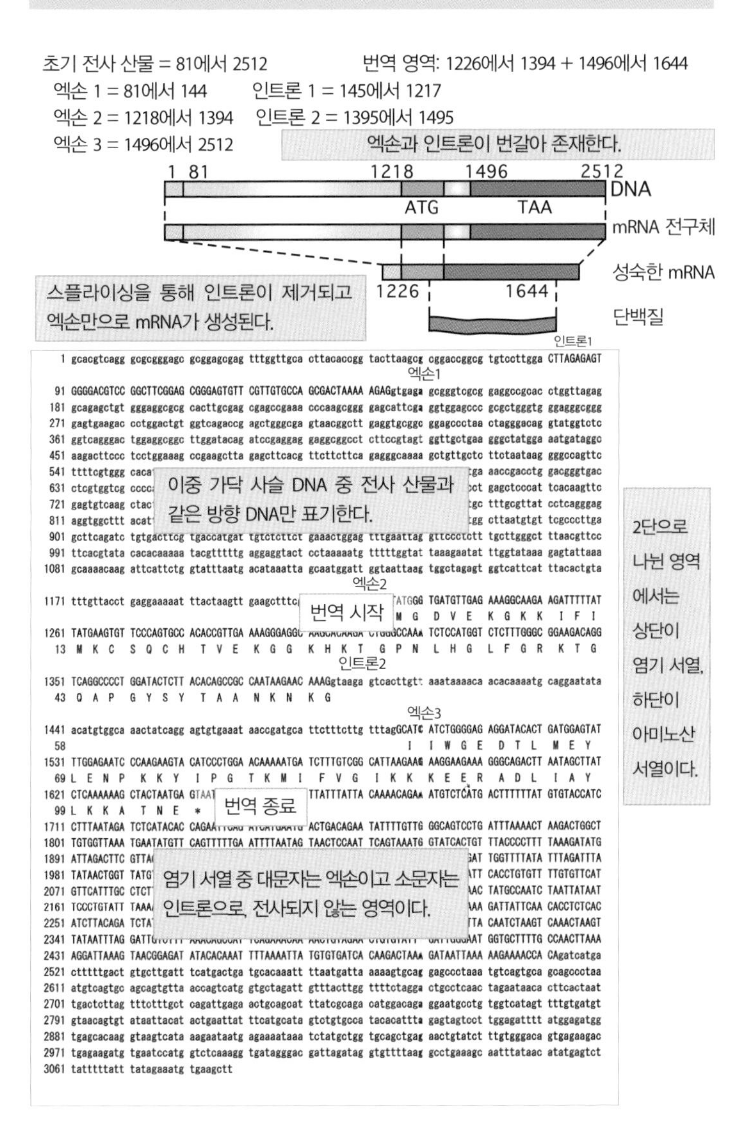

분자 생물학적 계통수 – 염기 서열을 통해 보는 진화

기본적인 단백질의 아미노산 서열은 진화 과정에서 잘 보존됩니다. 그래서 단백질의 아미노산 서열과 그 서열을 암호화한 유전자의 염기 서열을 해석하면 지구상에서 일어난 진화를 분자 수준으로 조사할 수 있습니다. 진화 과정에서 언제 새로운 종으로 갈라져 나왔는지 정량 분석이 가능하고, 이 정보는 곧 지구상에서 진화가 일어났다는 증거가 됩니다.

아미노산 서열의 치환과 삽입, 결실은 염기 서열의 변화에 따라 일어납니다. 이 염기 서열이 변하는 원인은 DNA의 돌연변이 때문이에요. 특정 영역에서 발생하는 돌연변이는 무작위로 발생하며 변이의 결과가 축적되는 수는 시간에 따라 늘어납니다. 이를 이용하면 단일 염기에서 변이가 일어나는 데 걸리는 시간을 추정할 수 있고, 반대로 변이 수를 보고 변이가 일어난 시간을 추정할 수도 있습니다. 이런 관점에서 유전 정보를 분석하면 진화의 계통수(phylogenetic tree)를 그릴 수 있습니다.

현재 지구상에 있는 인간이 가진 유전 정보의 다양성을 분석하면 인간의 기원이 발생한 장소와 연대를 추정할 수 있습니다. 또한 개가 늑대에서 진화해 가축이 되었다는 사실도 유전 정보를 분석해서 밝혀냈습니다. 개의 게놈이 가진 다양성을 분석하니 약 1만 5000년 전, 개가 가축이 된 것으로 추정할 수 있었어요. 또한 일본의 아키시노 노미야 연구팀은 미토콘드리아를 이용한 분자 생물학과 민족학이라는 측면에서 적극적인 연구를 추진해 인간이 닭을 가축으로 만든 대략적인 시기와 장소를 추정했습니다. 해당 연구 결과는 영어 논문 세 편과 『닭과 인간(鶏と人)』(小学館, 2000)이라는 책에 잘 정리되어 있고, 미국 잡지에 게재되었던 논문은 인터넷에서 무료로 찾아볼 수 있으니 관심이 있다면 한 번 찾아보세요.

[그림 1-50] 분자 생물학적 계통수 - 진화와 분류

염기의 치환, 삽입, 결실은 무작위로 발생해 축적되기 때문에 염기 서열이나 아미노산 서열을 분자시계*로 활용할 수 있다. 현재 살고 있는 생물의 서열 정보를 이용해 분자 계통수를 그려보면 진화의 양상을 추정하거나 생물을 분류할 수 있다.

67가지의 사이토크롬 C가 가진 아미노산 서열(인간은 104개의 아미노산)이 얼마나 비슷한지를 지표로 삼아 아래 그림과 같은 분자 계통수를 그렸다. 아미노산 서열이 비슷할수록 갈라진 가지가 가까이에 있고 막대의 길이도 짧다.

사람과 침팬지의 아미노산 서열(104개)은 완전히 같고, 일본원숭이와는 한 개만 다르다. 사람과 개는 10개, 사람과 개구리는 18개, 사람과 불가사리는 27개가 다르다. 사람과 누룩곰팡이는 70개가 일치한다.

* 분자시계: 분자 계통학에서 계통수를 그릴 때 필요한 분자 수준의 진화를 측정하는 시계

인슐린 유전자 – 번역 후 변형

유전자 정보에 따라 합성된 단백질이 처음 합성된 형태 그대로 작용하는 일은 거의 없습니다. 대부분은 기능을 갖지 못하거나 불완전한 구조로 합성되지요. 합성 이후에 화학적 변화를 거쳐야 비로소 기능을 갖추거나 완전한 구조체가 되는 경우가 많습니다. 번역(단백질 합성) 후에 일어나는 화학적 변화를 번역 후 변형(post-translational modification)이라고 합니다.

단백질은 반드시 리보솜에서 mRNA 코돈을 해석하는 형태로 합성됩니다. 리보솜은 세포 안에 있지만, 합성된 단백질이 필요한 장소는 여러 곳이기 때문에 합성된 단백질은 각자 필요한 장소로 이동해야 합니다. 예를 들어 전사를 조절하는 인자라면 핵 안으로 이동해야 하고, 미토콘드리아나 엽록체의 구성 성분이라면 각 소기관 내부로 들어가야 합니다. 또한 세포 밖에서 작용하는 인자라면 세포막을 통과해야 하지요. 단백질이 합성된 후에 어디로 가는지에 관한 정보도 아미노산 서열에 기록되어 있답니다([그림 1-42] 참고).

번역 후 변형 과정을 인슐린 유전자를 통해 구체적으로 살펴봅시다. 인슐린 전구체의 아미노산은 110개에 불과해 단백질 중에는 적은 편에 속합니다. 엑손도 세 개뿐이어서 유전자도 짧고 중요한 의약품이기 때문에 예전부터 연구에 널리 이용되었습니다.

합성된 인슐린 전구체의 N 말단 쪽에는 아미노산 24개로 구성된 신호 펩타이드가 있습니다. 합성된 단백질은 신호 펩타이드를 인식하는 다른 단백질의 도움을 받아 소포체 안으로 들어가고, 단백질 합성이 끝나면(번역 후) 신호 펩타이드는 분리됩니다.

남은 부분에는 SH기를 가진 아미노산인 시스테인 여섯 개가 있습니다. 시스테인은 서로 결합해 새로운 S-S 결합을 만드는 성질을 갖고 있습니다(산화). 그래서 인슐린은 화학적으로 안정된 상태로 구조화되면(단백질 접힘) 3개의 S-S 결합이 생기지요. 그 후에 중간 부분이 절단되어 S-S 결합으로 연결된 이중 가닥 사슬 상태가 됩니다(A 사슬과 B 사슬). 이 반응이 소포체 안에서 일어난 다음, 골지체를 통과해서 세포막과 융합하는 형태로 세포 밖으로

[그림 1-51] 인간의 인슐린 유전자

엑손 1 = 2186에서 2227 / 인트론 A = 2228에서 2406
엑손 2 = 2407에서 2610 / 인트론 B = 2611에서 3396
엑손 3 = 3397에서 3615

엑손과 인트론이 교대로 존재한다.

번역 영역: 2424에서 2610 + 3397에서 3542
신호 펩타이드: 2424에서 2495
성숙형 펩타이드: 496에서 2585 + 2586에서 2610 + 3397에서 476 + 3477에서 3539

N 말단에 단백질이 세포 밖으로 나가는 일에 관여하는 '신호 펩타이드'가 있다(밑줄 부분).

```
(아미노산 서열)  MALWMRLLPL LALLALWGPD PAAA          (신호 펩타이드)
                FVNQHLCGSH LVEALYLVCG ERGFFYTPKT    (B 사슬)
                RREAEDLQVG QVELGGGPGA GSLQPLALEG SLQKR
                GIVEQCCTSI CSLYQLENYC N             (A 사슬)
```

실제로 인슐린으로 작용하는 부분은 A 사슬과 B 사슬 부분이다.

```
      gg gccaggcggc aggggttgac aggtagggga gatgggctct gagactataa
      gg ggcccagcag ccctcAGCCC TCCAGGACAG GCTGCATCAG AAGAGGCCAT
2221 CAAGCAGgtc tgttccaagg gcctttgcgt caggtgggct cagggttcca gggtggctgg
2281 accccaggcc ccagctctgc agcagggagg acgtggctgg gctcgtgaag catgtggggg
2341 tgagcccagg ggccccaagg cagggcacct ggccttcagc ctgcctcagc cctgcctgtc
2401 tcccagATCA            CATGGCCC TGTGGATGCG CCTCCTGCCC CTGCTGGCGC
   1                       M A  L  W  M  R   L  L  P   L  L  A  L
2461 TGCTGGCCCT CTGGGGACCT GACCCAGCCG CAGCCTTTGT GAACCAACAC CTGTGCGGCT
  14  L  A  L   W  G  P   D  P  A  A   A  F  V   N  Q  H   L  C  G  S
2521 CACACCTGGT GGAAGCTCTC TACCTAGTGT GCGGGGAACG AGGCTTCTTC TACACACCCA
  34  H  L  V   E  A  L   Y  L  V  C   G  E  R   G  F  F   Y  T  P  K
2581 AGACCCGCCG GGAGGCAGAG GACCTGCAGG gtgagccaac cgcccattgc tgcccctggc
  54  T  R  R   E  A  E   D  L  Q  V
2641 cgcccccagc cacccctgc  tcctggcgct cccacccagc atgggcagaa gggggcagga
2701 ggctgccacc cagcaggggg tcaggtgcac tttttaaaa  agaagttctc ttggtcacgt
2761 cctaaaagtg accagctccc tgtggcccag tcagaatctc agcctgagga cggtgttggc
2821 ttcggcagcc ccgagataca tcagagggtg ggcacgctcc tccctccact cgcccctcaa
2881 acaaatgccc cgcagcccat ttctccaccc tcatttgatg accgcagatt caagtgtttt
2941 gttaagtaaa                                             cctctggg
3001 cgaacacccc                                             agacccct
3061 gtcgccagcc                                             acaggccc
3121 tggggagaag                                             ggggcggg
3181 ggaaggaggt                                             gggtgacc
3241 ctccctctaa cctgggtcca gcccggctgg agatgggtgg gagtgcgacc tagggctggc
3301 gggcaggcgg gcactgtgtc tccctgactg tgtcctcctg tgtccctctg cctcgccgct
3361 gttccggaac ctgctctgcg cggcacgtcc tggcagTGGG GCAGGTGGAG CTGGGCGGGG
  64                                          G   Q  V  E   L  G  G  G
3421 GCCCTGGTGC AGGCAGCCTG CAGCCCTTGG CCCTGGAGGG GTCCCTGCAG AAGCGTGGCA
  72  P  G  A   G  S  L   Q  P  L  A   L  E  G   S  L  Q   K  R  G  I
3481 TTGTGGAACA ATGCTGTACC AGCATCTGCT CCCTCTACCA GCTGGAGAAC TACTGCAACT
  92  V  E  Q   C  C  T   S  I  C  S   L  Y  Q   L  E  N   Y  C  N  *
3541 AGACGCAGCC TGCAGGCAGC CCCACACCCG CCGCCTCCTG CACCGAGAGA GATGGAATAA

3601 AGCCCTTGAA CCAGCcctgc tgtgccgtct gtgtgtcttg ggggccctgg gccaagcccc
3661 acttcccggc actgttgtga gcccctccca gctctctcca cgctctctgg gtgcccacag
3721 gtgccaacgc cggccaggcc cagcatgcag tggctctccc caaagcggcc atgcctgttg
3781 gctgcctgct gcccccaccc tgtggctcag ggtccagtat gggagcttcg gggtctctg
3841 aggggccagg gatggtgggg ccactgagaa gtgacttctt gttcagtagc tctggactct
3901 tggagtcccc agagaccttg ttcaggaaag ggaatgagaa cattccagca attttcccc
```

번역 개시

번역 종료

염기 서열 중 대문자가 엑손이고 소문자가 인트론으로, 전사되지 않는 영역이다.

2단으로 나누어진 영역에서는 위쪽이 염기 서열, 아래쪽이 아미노산 서열이다.

나갑니다.

처음에 합성된 110개의 아미노산 상태로는 인슐린의 기능을 가지지 못하지만 이중 가닥 사슬 상태가 되면 드디어 호르몬으로써 기능을 가지게 됩니다. 다만, 혼자 작용하지 못해 다른 인자가 필요합니다. 이처럼 인슐린의 기능 발휘를 위해 S-S 결합이 중요한 역할을 합니다.

한편 S-S 결합은 환원을 통해 SH로 돌아오기도 합니다. 그렇게 되면 이중 가닥 사슬은 따로 떨어지고, 인슐린의 기능은 사라집니다. 다시 같은 부분에 S-S 결합이 생기는 일은 거의 불가능하기 때문에 다시 기능을 갖춘 인슐린이 되기는 어렵습니다. 필요 없어진 단백질은 바로 분해되고 생성된 아미노산은 다시 단백질 합성이나 대사 과정에 사용됩니다.

머리카락에 포함된 주요 단백질에도 S-S 결합이 있습니다. 파마를 할 때 화학적으로 머리카락의 S-S 결합을 끊고 물리적으로 원하는 형태로 만든 다음, 다시 S-S 결합이 생기도록 화학 처리를 합니다. 그러면 기존에 결합했던 아미노산과는 다른 아미노산끼리 다시 S-S 결합을 만들고 안정적인 구조를 형성해 머리카락에 컬이 생깁니다.

[그림 1-52] 번역 후 변형

합성된 단백질의 아미노산 서열에 따라 합성 후 단백질의 목적지가 정해진다(80쪽 참고).

'신호 펩타이드' 영역이 있으면 합성 도중에 리보솜이 소포체와 결합하고, 합성된 단백질은 소포체 안으로 들어간다. 그 후에 골지체를 통과해 세포 밖으로 분비된다([그림 1-42] 참고).

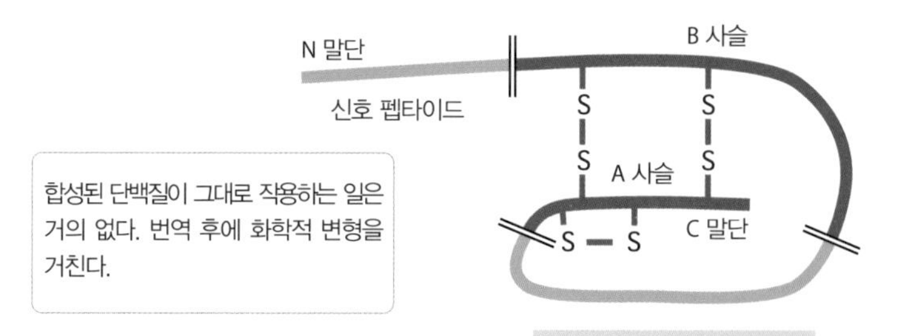

합성 직후의 인슐린

인슐린은 단백질 내부에서 시스테인이라는 아미노산끼리 결합하고(S–S 결합), 중간 부분이 절단되어 오른쪽 그림처럼 A 사슬과 B 사슬로 구성된 분자가 된다.

B 사슬

S S

S S

A 사슬

S — S

실제 작용하는 인슐린

'환원 반응'이 일어나면 S–S 결합은 끊어지고 원래의 SH(시스테인) 상태로 돌아온다. 이때 A 사슬과 B 사슬 사이의 결합이 끊어져 따로 떨어지기 때문에 인슐린 기능은 사라진다. 다시 같은 S–S 결합이 생기는 일은 거의 없다.

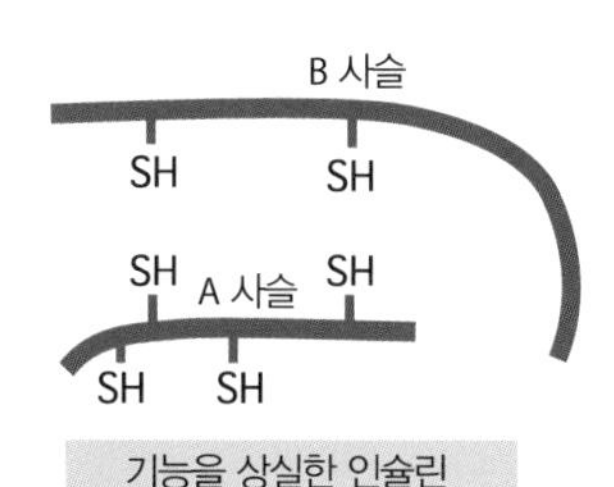

기능을 상실한 인슐린

겸상 적혈구 빈혈증

이번에는 헤모글로빈을 구성하는 β-글로빈 유전자를 예로 아미노산 치환과 질병의 다양성에 대해서 살펴봅시다.

아프리카의 특정 지역에서 나타나는 '겸상 적혈구 빈혈증'이라는 질병이 있습니다. 이 질병과 관련된 유전자는 'β-글로빈(베타 글로빈)'이에요. β-글로빈의 유전자는 인트론에서 분리되면서 147개의 아미노산으로 구성된 β-글로빈 단백질을 암호화합니다.

β-글로빈 단백질의 아미노산 서열을 분석하면 정상인 사람의 β-글로빈은 일곱 번째 아미노산이 '글루탐산(E)'이지만, 겸상 적혈구 빈혈증을 앓고 있는 사람은 '발린(V)'이라는 사실을 알 수 있습니다.

또한 β-글로빈 유전자 분석 결과, 아미노산 치환이 일어난 부위의 코돈이 정상인은 'GAG'지만, 겸상 적혈구 빈혈증인 사람은 'GTG'임을 알 수 있었습니다. 다시 말해 코돈의 두 번째 염기인 아데닌(A)이 티민(T)으로 치환된 '단일 염기 치환'이 발생한 것입니다. 그 외의 염기 서열은 모두 같습니다. 극성 산성 아미노산인 글루탐산이 발린이라는 소수성이 강한 아미노산으로 치환되었기 때문에 β-글로빈의 구조가 변하고, 기능을 잃고 적혈구 형태까지 바뀐 것입니다.

단 한 개의 염기가 치환되면서 아미노산 한 개가 바뀌고, 단 한 개의 단백질 구조가 변했을 뿐이지만, 이 변화로 산소와 결합해야 할 적혈구라는 거대한 구조물의 형태가 낫 모양으로 달라지고, 적혈구의 산소 운반 능력이 현저히 떨어져 신체 전반에 영향을 미치는 심각한 빈혈 증상이 나타난 것입니다.

[그림 1-53] 겸상 적혈구 빈혈증 대상 유전자

번역 영역: 62187에서 62278 + 62409에서 62631 + 63482에서 63610
변이: 62206 염기 A (정상) : T (겸상 적혈구 빈혈증)
아미노산 E (정상) : V (겸상 적혈구 빈혈증)

이중 가닥 사슬 DNA 중 전사 산물과 같은 방향의 DNA만 표시한다.

염기 서열 중 대문자는 번역 영역이고, 소문자는 번역에 관여하지 않는 영역이다.

```
61861 ccaaatatta cgtaaataca cttgcaaagg aggatgtttt tagtagcaat ttgtactgat
61921 ggtatggggc caagagatat atcttagagg gagggctgag ggtttgaagt ccaactccta
61981 agccagtgcc agaagagcca aggacaggta cggctgtcat cacttagacc tcaccctgtg
62041 gagccacacc ctagggttgg ccaatctact cccaggagca gggagggcag gagccagggc
62101 tgggcataaa agtcagggca gagccatcta ttgcttacat ttgcttctga cacaactgtg
62161 ttcactagca acctcaaaca gacaccATGG TGCACCTGAC TCCTGAGGAG AAGTCTGCCG
                                 M  V   H  L  T   P  E  E   K  S  A  V
62221 TTACTGCCCT GTGGGGCAAG GTGAACGTGG ATGAAGTTGG TGGTGAGGCC CTGGGCAGgt
        T  A  L   W  G  K   V  N  V  D   E  V  G   G  E  A   L  G  R
62281 tggtatcaag gttacaagac aggtttaagg agaccaatag aaactgggca tgtggagaca
62341 gagaagactc ttgggtttct gataggcact gactctctct gcctattggt ctattttccc
62401 acccttagGC TGCTGGTGGT CTACCCTTGG ACCCAGAGGT TCTTTGAGTC CTTTGGGGAT
                 L  L  V  V   Y  P  W   T  Q  R  F   F  E  S   F  G  D
62461 CTGTCCACTC CTGATGCTGT TATGGGCAAC CCTAAGGTGA AGGCTCATGG CAAGAAAGTG
       L  S  T  P   D  A  V   M  G  N   P  K  V  K   A  H  G   K  K  V
62521 CTCGGTGCCT TTAGTGATGG CCTGGCTCAC CTGGACAACC TCAAGGGCAC CTTTGCCACA
       L  G  A  F   S  D  G   L  A  H   L  D  N  L   K  G  T   F  A  T
62581 CTGAGTGAGC TGCACTGTGA CAAGCTGCAC GTGGATCCTG AGAACTTCAG Ggtgagtcta
       L  S  E  L   H  C  D   K  L  H   V  D  P  E   N  F  R
62641 tgggaccctt gatgttttct ttccccttct tttctatggt taagttcatg tcataggaag
62701 gggagaagta acagggtaca gtttagaatg ggaaacagac
62761 aagtctcagg atcgttttag tttctttt        ca
62821 ttaattcttg ctttcttttt ttttcttc        tt
62881 aacattgtgt ataacaaaag gaaatatc        at
62941 tttacacagt ctgcctagta cattacta        at
63001 ataatctccc tactttattt tcttttat        ta
63061 atgggttaaa gtgtaatgtt ttaatatg        tt
63121 gcatttgtaa ttttaaaaaa tgctttct        ta
63181 ctaatacttt ccctaatctc tttctttc        tg
63241 ttgcaccatt ctaaagaata acagtgat        tt aaggcaatag caatattt
63301 gcatataaat atttctgcat ataaattg        aa gaggtttcat attgctaa
63361 gcagctacaa tccagctacc attctgct        gg ttgggataag gctggatt
63421 tctgagtcca agctaggccc ttttgctaat catgttcata cctcttatct tcctccca
63481 gCTCCTGGGC AACGTGCTGG TCTGTGTGCT GGCCCATCAC TTTGGCAAAG AATTCACC
        L  L  G   N  V  L  V   C  V  L   A  H  H   F  G  K  E   F  T
63541 ACCAGTGCAG GCTGCCTATC AGAAAGTGGT GGCTGGTGTG GCTAATGCCC TGGCCCAC
        P  V  Q   A  A  Y  Q   K  V  V   A  G  V   A  N  A  L   A  H
63601 GTATCACTAA gctcgctttc ttgctgtcca atttctatta aaggttcctt tgttccct
        Y  H  *
63661 gtccaactac taaactgggg gatattatga agggccttga gcatctggat tctgccta
63721 aaaaaacatt tattttcatt gcaatgatgt atttaaatta tttctgaata ttttacta
63841 ttgggaaaat acactatatc ttaaactcca tgaaagaagg tgaggctgca aacagcta
63901 gcacattggc aacagccctg atgcctatgc cttattcatc cctcagaaaa ggattcaa
63961 agaggcttga tttggaggtt aaagttttgc tatgctgtat tttacattac ttattgtt
```

● 부분 정상 유전자와 겸상 적혈구 빈혈증 유전자에서 다른 부분

정상	코돈	GAG
	아미노산	글루탐산
겸상 적혈구 빈혈증	코돈	GTG
	아미노산	발린

2단으로 나누어진 영역에서는 위쪽이 염기 서열, 아래쪽이 아미노산 서열이다.

겸상 적혈구 빈혈증 유전자는 정상 유전자와 염기 한 개가 다를 뿐이다. 이와 같은 다양성을 '단일 염기 다형'이라고 한다.

유전병의 원리 – 열성 유전과 우성 유전

[그림 1-12]에서 설명했던 상염색체는 쌍을 이루고 있기 때문에 어떤 유전자든 세포 한 개에는 같은 유전자가 두 개 존재합니다. 이 유전자를 '대립 유전자'라고 하며, 대립 유전자 중 한 개는 어머니에게서, 나머지 한 개는 아버지에게서 받습니다. β-글로빈 유전자 중 정상 유전자를 A, 변이 유전자를 a라고 할 때, 대립 유전자 조합인 '유전자형'은 AA와 Aa, aa 세 가지입니다. 이때 유전자형 AA의 '표현형'은 정상이고, 유전자형 aa의 표현형은 겸상 적혈구 빈혈증을 나타냅니다.

유전자형 Aa는 A유전자에서는 정상인 β-글로빈 단백질이 합성되고, a유전자에서는 정상과는 다른 β-글로빈 단백질이 합성되기 때문에 양쪽 단백질이 혼재하지만, 이 경우 표현형은 정상입니다. 이처럼 a유전자를 가졌지만 발병하지 않는 상태를 '보인자(carrier)'라고 합니다.

겸상 적혈구 빈혈증에서 유전자형 Aa는 보인자이며, 발병하지 않기 때문에 A는 a에 대해 '우성'이라고 하고, a유전자는 '열성 유전자'라고 합니다. 또한 이처럼 열성 유전자 두 개가 있어야만 발병하는 형태를 '열성 유전병'이라 합니다. 우성과 열성은 더 우수하다거나 뒤떨어졌다는 의미가 아니며 단순히 '표현형으로 나타나는가, 나타나지 않는가'로 구분합니다.

a유전자를 가진 보인자는 아프리카의 특정 지역에서 많이 나타납니다. 이 지역에서 a유전자가 자연의 선택을 받아 살아남은 이유는 유전자형이 Aa일 때, 지역 풍토병인 말라리아에 강하기 때문이라고 알려져 있습니다. a유전자는 말라리아를 예방할 필요 없는 지역에서는 이미 사라졌습니다. 반면 대립 유전자 중 한 개의 유전자의 변이만으로도 발병되는 질병은 '우성 유전병'이라고 하며, 대표적인 질병으로 '헌팅턴 무도병'이 있습니다.

[그림 1-54] 상동 염색체와 대립 유전자의 관계

인간의 염색체는
상염색체 22쌍 44개
성염색체 여XX 남XY
로 구성된다.

상염색체와 여성의 X염색체는 어머니에게서 받은 염색체와 아버지에게서 받은 염색체가 쌍을 이루고 있다. 이것을 '상동 염색체'라고 한다.

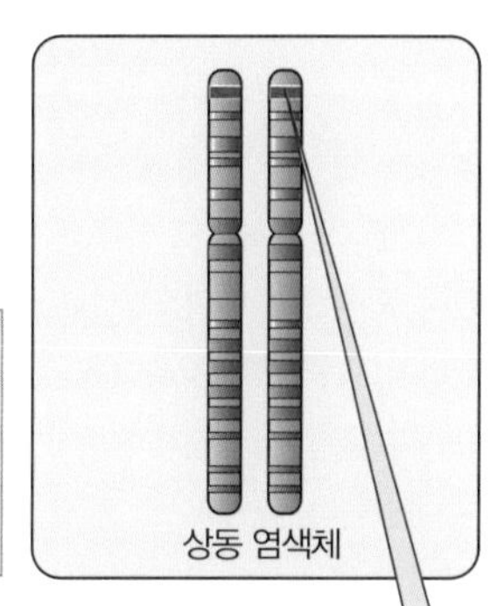

상동 염색체의 특정 위치를 보면 같은 유전자가 있다. 이것이 '대립 유전자'이다.

[그림 1-55] 유전의 원리 – 열성 유전과 우성 유전

대립 유전자가 두 가지(A와 a)일 때 두 유전자의 조합인 '유전자형'의 종류는 AA, Aa, aa 세 가지다.

열성 유전병

유전자형	표현형
AA	발병하지 않음
Aa	발병하지 않음(보인자)
aa	발병

우성 유전병

유전자형	표현형
AA	발병하지 않음
Aa	발병
aa	발병

열성 유전병과 우성 유전병은 유전자형이 Aa일 때 표현형이 다르다. 겸상 적혈구 빈혈증은 '열성 유전병'이다.

알데하이드 탈수소 효소 유전자 – 염기 한 개 차이로 달라지는 주량

알코올은 사람의 몸에 해로운 물질로, 섭취하면 몸속에서 분해 반응이 일어납니다. 먼저 '알코올 탈수소 효소'가 에탄올을 아세트알데하이드로 바꾸고, 그다음 '알데하이드 탈수소 효소'가 아세트알데하이드를 아세트산으로 바꿔서 몸 밖으로 배출시킵니다. 그런데 이 대사 과정 중에 생성되는 아세트알데하이드는 알코올보다 우리 몸에 더 해로워 신속하게 분해해야 합니다. 술을 마시면 얼굴이 빨갛게 변하고 속이 울렁거리는 이유도 아세트알데하이드 때문입니다. 결국 술이 센 사람과 약한 사람의 차이는 아세트알데하이드의 분해 능력 차이인 셈이에요.

알데하이드 탈수소 효소의 유전자를 관찰하면 매우 흥미로운 유전자 두 개를 만날 수 있습니다. 하나는 [그림 1-58]에 제시한 염기 서열을 가진 유전자(인트론은 생략)이고, 다른 하나는 이 염기 서열에서 단일 염기 치환이 일어난 유전자입니다. 단일 염기 치환이 발생하면 C 말단 가까이에 있는 산성인 글루탐산(E)이 염기성인 라이신(K)으로 바뀝니다. 고작 아미노산 한 개가 바뀔 뿐이지만, 이 치환 반응으로 알데하이드 탈수소 효소는 알데하이드를 분해하는 기능을 잃고 맙니다.

여기서 분해 기능을 갖춘 효소(단백질)를 만드는 유전자를 A, 기능을 갖지 못한 단백질을 만드는 유전자를 a라고 하겠습니다. 유전자형의 종류는 AA, Aa, aa가 되겠지요? 유전자형 AA의 표현형은 알데하이드 분해 능력이 뛰어나기 때문에 이 유전자를 가진 사람은 술을 잘 마십니다. 반면 유전자형 aa의 표현형은 알데하이드를 전혀 분해하지 못합니다. 따라서 이 유전자를 가진 사람은 술을 거의 마시지 못합니다. 그리고 유전자형 Aa의 표현형은 그 중간으로 적당히 마실 수 있다고 보면 됩니다(불완전 우성 유전).

일반적으로 아시아인에게는 a 유전자가 많고 미국이나 유럽, 아프리카 사람들은 대부분 A 유전자만 가지고 있다고 합니다. 다시 말해 미국이나 유럽, 아프리카 사람들의 유전형은 대부분 AA이지만, 아시아인은 Aa 유전자형을

[그림 1-56] 섭취한 알코올의 변화

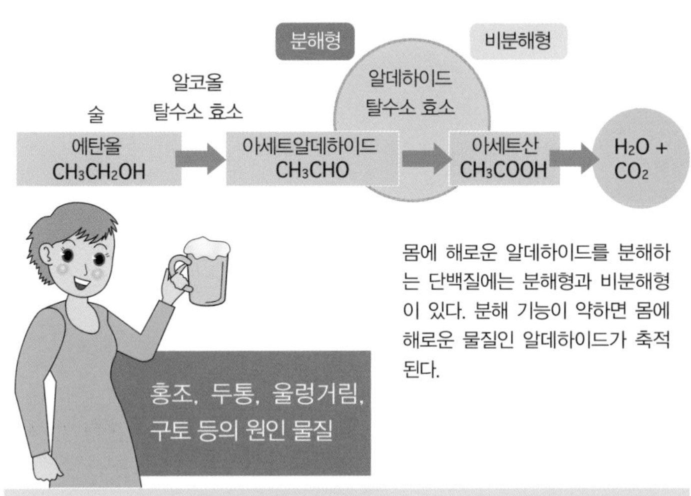

몸에 해로운 알데하이드를 분해하는 단백질에는 분해형과 비분해형이 있다. 분해 기능이 약하면 몸에 해로운 물질인 알데하이드가 축적된다.

[그림 1-57] 술이 센 사람과 약한 사람의 차이

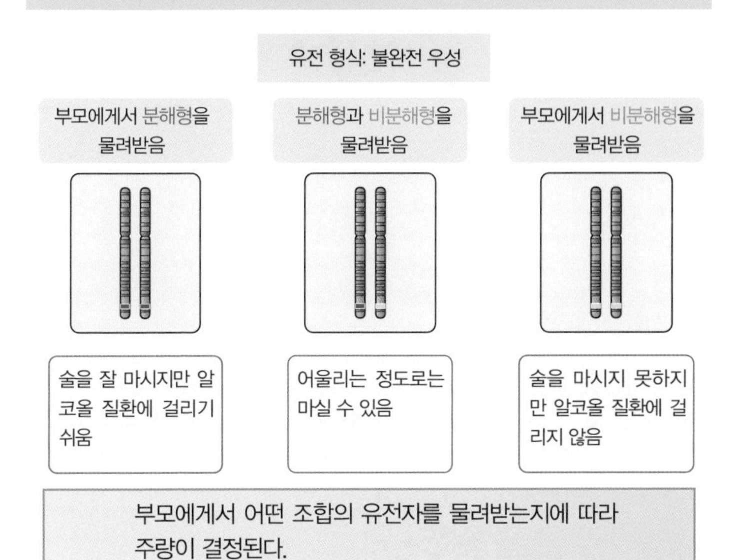

가진 사람이 40퍼센트를 차지하며, aa 유전자형을 가진 사람도 4퍼센트 정도 된다는 뜻입니다. 다만 AA 유전자형인 사람은 술을 잘 마시는 만큼 알코올 의존증이나 알코올로 인한 질병에 걸릴 확률이 높습니다.

A 유전자가 우성이고, a 유전자가 열성이기 때문에 알코올 의존증인 사람의 유전자형을 조사하면 대부분 AA이지 aa인 사람은 거의 없습니다. 참고로 과도한 알코올 섭취로 생기는 폐해는 비단 알코올 의존증(알코올 중독)만이 아닙니다. 알코올은 암과 같은 많은 질병의 위험 인자이기도 해요. 따라서 과도한 알코올 섭취로 인한 질병을 예방할 수 있다는 점에서 a 유전자가 가진 장점은 상당히 크다고 할 수 있습니다.

aa 유전자형을 가진 사람이 술을 단숨에 들이켜면 목숨을 잃을 수도 있습니다. 따라서 이런 사람에게 술을 마시라고 강요하는 행위는 살인 미수와 다름없습니다. 물론 실제로는 과실 치상죄가 되겠지만, 불행하게도 마신 사람이 사망에 이르면 살인죄(과실 치사죄)가 됩니다. 술을 마시지 못하는 사람에게 억지로 몰아붙여 마시게 하면 강요죄, 술을 강요하는 행위를 말리지 않으면 상해 방조죄, 술에 취한 동료를 방치하면 유기죄가 성립될 수 있으니 조심하세요.

알다시피 유전자는 부모로부터 유전됩니다. 성장하는 도중에 돌연변이가 발생해 갑자기 a 유전자가 A 유전자로 바뀔 가능성은 없습니다. 술을 잘 마시는지 못 마시는지는 태어날 때부터 유전자에 기록되어 있는 셈입니다. 그러니 애초에 술을 못 마시는 사람이 훈련을 한다고 해서 잘 마시게 되는 것도 아니고, 술을 못 마신다고 해서 의지가 부족한 것도 아님을 기억하세요.

[그림 1-58] 알데하이드 탈수소 효소 유전자

실제로 작용하는 단백질 번역 영역 부근에 있는 분해형 유전자의 염기 서열과 아미노산 서열만 표시했다.

```
   1 ctggcggcct tggagaccct ggacaatggc aagccctatg tcatctccta cctggtggat ttggacatgg tcctcaaatg tctccggtat
   1 L  A  A  L   E  T  L   D  N  G   K  P  Y  V   I  S  Y   L  V  D   L  D  M  V   L  K  C   L  R  Y
  91 tatgccggct gggctgataa gtaccacggg aaaaccatcc ccattgacgg agacttcttc agctacacac gccatgaacc tgtgggggtg
  31 Y  A  G  W   A  D  K   Y  H  G   K  T  I  P   I  D  G   D  F  F   S  Y  T  R   H  E  P   V  G  V
 181 tgcgggcaga tcattccgtg gaatttcccg ctcctgatgc aagcatggaa gctgggccca gccttggcaa ctggaaacgt ggttgtgatg
  61 C  G  Q  I   I  P  W   N  F  P   L  L  M  Q   A  W  K   L  G  P   A  L  A  T   G  N  V   V  V  M
 271 aaggtagctg agcagacacc cctcaccgcc ctctatgtgg ccaacctgat caaggaggct ggctttcccc ctggtgtggt caacattgtg
  91 K  V  A  E   Q  T  P   L  T  A   L  Y  V  A   N  L  I   K  E  A   G  F  P  P   G  V  V   N  I  V
 361 cctggatttg gccccacggc tggggccgcc attgcctccc atgaggatgt ggacaaagtg gcattcacag gctccactga gattggccgc
 121 P  G  F  G   P  T  A   G  A  A   I  A  S  H   E  D  V   D  K  V   A  F  T  G   S  T  E   I  G  R
 451 gtaatccagg ttgctgctgg gagcagcaac ctcaagagag tgaccttgga gctggggggg aagagcccca acatcatcat gtcagatgcc
 151 V  I  Q  V   A  A  G   S  S  N   L  K  R  V   T  L  E   L  G  G   K  S  P  N   I  I  M   S  D  A
 541 gatatggatt gggccgtgga acaggcccac ttcgccctgt tcttcaacca gggccagtgc tgctgtgccg gctcccggac cttcgtgcag
 181 D  M  D  W   A  V  E   Q  A  H   F  A  L  F   F  N  Q   G  Q  C   C  C  A  G   S  R  T   F  V  Q
 631 gaggacatct atgatgagtt tgtggtgcgg agcgttgccc gggccaagtc tcgggtggtc gggaacccct ttgatagcaa gaccgagcag
 211 E  D  I  Y   D  E  F   V  V  R   S  V  A  R   A  K  S   R  V  V   G  N  P  F   D  S  K   T  E  Q
 721 gggccgcagg tggatgaaac tcagtttaag aagatcctcg gctacatcaa cacggggaag caagaggggg cgaagctgct gtgtggtggg
 241 G  P  Q  V   D  E  T   Q  F  K   K  I  L  G   Y  I  N   T  G  K   Q  E  G  A   K  L  L   C  G  G
 811 ggcattgctg ctgaccgtgg ttacttcatc cagcccactg tgtttggaga tgtgcaggat ggcatgacca tcgccaagga ggagatcttc
 271 G  I  A  A   D  R  G   Y  F  I   Q  P  T  V                          I   A  K  E   E  I  F
 901 gggccagtga tgcagatcct gaagttcaag accatagagg ag                         cgt acgggctggc cgcagctgtc
 301 G  P  V  M   Q  I  L   K  F  K   T  I  E  E                          Y   G  L  A   A  A  V
 991 ttcacaaagg atttggacaa ggccaattac ctgtcccagg cc                         act gctatgatgt gtttggagcc
 331 F  T  K  D   L  D  K   A  N  Y   L  S  Q  A                          C   Y  D  V   F  G  A
1081 cagtcaccct ttggtggcta caagatgtcg gggagtggcc gg                             acactgaagt gaaaactgtc
 361 Q  S  P  F   G  G  Y   K  M  S   G  S  G  R                          Y   T  E  V   K  T  V
1171 acagtcaaag tgcctcagaa gaactcataa gaatcatgca agcttcctcc ctcagccatt gatggaaagt tcagcaagat cagcaacaaa
 391 T  V  K  V   P  Q  K   N  S  *
1261 accaagaaaa atgatccttg cgtgctgaat atctgaaaag agaaattttt cctacaaaat ctcttgggtc aagaaagttc tagaatttga
1351 attgataaac atggtgggtt ggctgagggt aagagtatat gaggaacctt ttaaacgaca acaatactgc tagctttcag gatgattttt
1441 aaaaaataga ttcaaatgtg ttatcctctc tctgaaacgc ttcctataac tcgagtttat aggggaagaa aaagctattg tttacaatta
1531 tatcaccatt aaggcaactg ctacaccctg ctttgtattc tgggctaaga ttcattaaaa actagctgct ctt
```

●부분- 분해형과 비분해형의 차이

정상형(분해형) 유전자

```
1141  ctgcaggcat   acactgaagt   gaaaactgtc
 381  L  Q  A  Y    T  E  V      K  T  V
```

술이 센 사람과 약한 사람은 이 부분의 염기 한 개가 다를 뿐이며, 이 또한 '단일 염기 다형성'의 한 예다.
위 경우에서처럼 아미노산이 단 한 개만 바뀌어도 단백질은 기능을 상실한다.

변이형(비분해형) 유전자

```
1141  ctgcaggcat   acactaaagt   gaaaactgtc
 381  L  Q  A  Y    T  K  V      K  T  V
```

혈액형을 결정하는 유전자

'ABO식 혈액형'을 결정하는 대립 유전자는 자세하게 분류하면 매우 다양하지만, 일반적으로는 크게 세 가지로 나뉩니다. 예를 들어 A 유전자, B 유전자, O 유전자라는 세 가지 유전자가 있다고 합시다. 적혈구 표면에는 당단백질(H 항원)로 이루어진 당사슬이 있으며, 혈액형은 이 당사슬 끝부분에 붙은 당의 종류와 그 결합 방식에 따라 결정됩니다. A 유전자 산물인 A 단백질은 'N-아세틸갈락토사민 전이 효소', B 유전자 산물인 B 단백질은 '갈락토스 전이 효소'라 합니다. 두 효소 모두 이름에 들어 있는 당인 N-아세틸갈락토사민과 갈락토스를 H 항원 당사슬 끝에 결합시킬 수 있습니다.

세 가지 유전자의 염기 서열은 다음과 같은 차이점이 있습니다. A 유전자를 기준으로 보면 B 유전자는 A 유전자와 비교해서 염기 일곱 개가 다르고 그중 네 개는 생성되는 단백질의 아미노산 치환과 관련이 있습니다. 이 중 두 개의 아미노산 치환은 효소가 가진 '기질 특이성'에 영향을 미치고, A 단백질과 B 단백질이 전이할 수 있는 단당의 종류가 바뀝니다.

A 유전자와 O 유전자의 염기 서열은 더 비슷합니다. 고작 염기 한 개의 결실이 있을 뿐이에요. 하지만 번역 영역에서 한 개의 염기라도 결실이 발생하면 해당 코돈 이후의 해독틀이 틀어져 번역되는 아미노산 서열이 A 단백질과는 완전히 달라집니다. 30개의 아미노산이 번역된 후에는 종결 코돈이 오기 때문에 번역은 그 시점에서 종결되고, 결국 O 단백질은 단당을 전이하는 활성 효소를 갖지 못합니다.

아메리카 대륙의 원주민과 아프리카 일부 민족의 혈액형 중에 O형이 압도적으로 많다는 사실에 근거해서 최초의 인류는 O형이었다고 주장하는 사람도 있지만, 세 가지 혈액형 유전자의 변이를 살펴보면 그렇지 않다는 사실을 쉽게 알 수 있습니다.

[그림 1–59] ABO식 혈액형을 결정하는 유전자와 표현형

대립 유전자 A, B, O
유전자형 AA, AO, BB, BO, AB, OO
표현형 A형, B형, AB형, O형

유전자형	표현형 (혈액형)	항원
AA와 AO	A형	H 항원 + A 항원
BB와 BO	B형	H 항원 + B 항원
AB	AB형	H 항원 + A 항원 + B 항원
OO	O형	H 항원

세 종류의 대립 유전자가 있으며 조합에 따라 '표현형'인 혈액형이 정해진다.

[그림 1–60] ABO식 혈액형을 정하는 항원

전 인류가 공통으로 가지고 있는 적혈구 표면의 H 항원이 기본이다.

A 유전자에서 생성된 A 단백질(N–아세틸갈락토사민 전이 효소)은 H 항원에 N–아세틸갈락토사민을 결합시켜 A 항원을 만든다.

B 유전자에서 생성된 B 단백질(갈락토스 전이 효소)은 H 항원에 갈락토스를 결합시켜 B 항원을 만든다.

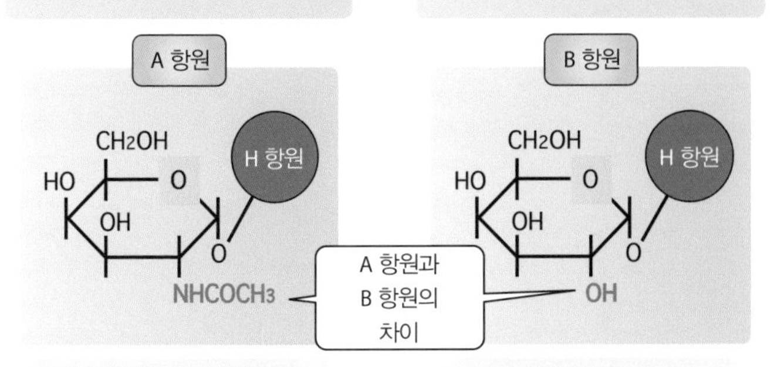

A 단백질은 N–아세틸갈락토사민을 H 항원에 결합시키는 효소

B 단백질은 갈락토스를 H 항원에 결합시키는 효소

혈액형 분자 생물학

ABO식 혈액형을 결정하는 대립 유전자의 유전자형과 표현형은 다음과 같습니다. 표현형(혈액형)이 A형일 때 유전자형은 AO 또는 AA 둘 중 하나이며, 마찬가지로 B형일 때는 BO 또는 BB 둘 중 하나지요. AB형의 유전자형은 AB뿐이고, O형의 유전자형은 OO뿐입니다.

H 항원은 모든 인간이 공통으로 가지고 있습니다. A 유전자를 가진 세포는 H 항원에 N-아세틸갈락토사민이 붙어 있고(A 항원), B 유전자를 가진 세포는 H 항원에 갈락토스가 붙어 있습니다(B 항원). AB형은 A 유전자와 B 유전자, 양쪽의 유전자를 모두 가지고 있기 때문에 A 항원과 B 항원이 모두 존재하고, 반면 O 유전자에서 생성된 단백질은 당을 결합시키지 못해 H 항원에 변화가 생기지 않습니다.

또한 표현형에서 알 수 있듯이 A 유전자와 B 유전자는 우성, O 유전자는 열성이며, A 유전자와 B 유전자 사이에서는 우성과 열성을 구분할 수 없습니다. 다시 말하지만, 우성과 열성은 우수하고 열등하다는 의미가 아님을 잊지 마세요. 그리고 A 항원과 같은 혈액형 물질은 적혈구만이 아니라 다른 조직에도 존재합니다.

이처럼 혈액형을 결정하는 대립 유전자 사이의 차이는 크지 않고, 표현형의 차이 또한 매우 미세합니다. 혈액형에 따라 성격이나 사고 유형을 분류하려는 사람들이 있고, 텔레비전 프로그램에서도 공공연하게 다뤄지긴 하지만, 실제 분자 관점에서 보면 그 차이는 고작 당 한 개의 차이일 뿐이고 그것을 결정하는 유전자 염기 서열의 차이도 크지 않습니다.

[그림 1-61] ABO식 혈액형 유전자

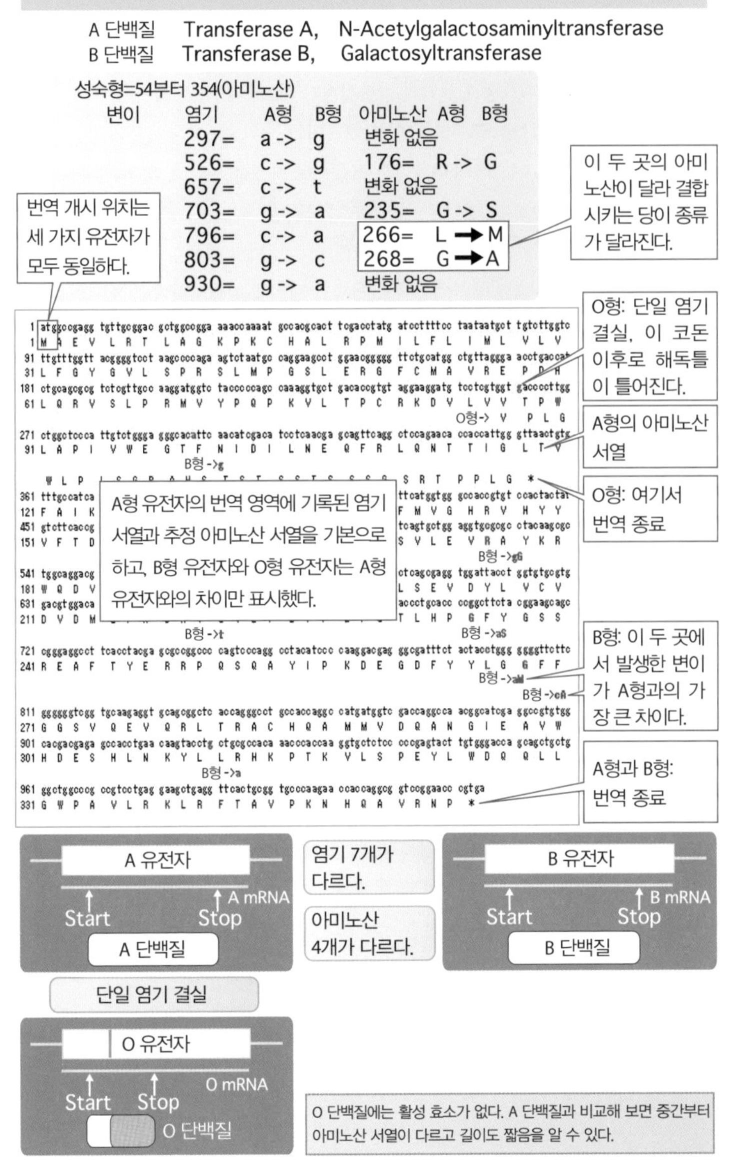

혈액형과 성격

과거 일본에서는 혈액형과 성격의 상관관계가 화제를 모았던 적이 몇 차례 있었습니다. 1932년, 심리학자 후루카와 다케지(古川竹二)의 저서 『혈액형과 기질(血液型と氣質)』(三省堂, 1932)이 출판되면서 처음으로 화제를 모았고, 1970년대에 노미 마사히로(能見正比古)의 『혈액형 인간학(血液型人間学)』(サンケイ新聞社出版局, 1973)이 큰 인기를 끌면서 열풍이 불기도 했습니다. 노미 마사히로의 저서는 날개 돋친 듯 팔려나갔고, 증쇄가 이어졌어요. 하지만 당시에는 혈액형에 대한 과학적 지식이 부족했고, 혈액형에 관련된 유전자도 발견하지 못한 때였으니 당연히 분자 유전학적 지식도 없었습니다.

노미 마사히로의 책을 지금 다시 읽어 보면 혈액형과 성격을 연관 지어서는 안 된다고 여러 번 언급하면서도, 모순적으로 저자 본인이 혈액형과 성격의 관계를 단정하고 있습니다. 근거는 설문 조사 결과였어요. 데이터의 종류와 양도 어중간한 수준이 아니라 꽤 다양하고 풍부했지요. 저자는 조사를 통해 얻은 데이터들을 통계 처리해 결과를 얻었다고 주장했습니다. 학계에서는 '과학'으로 인정받지 못했지만 그는 계속해서 과학성을 강조했습니다. 하지만 안타깝게도 열심히 모은 방대한 데이터는 '통계'라고 볼 수 없었고, 해당 데이터의 해석에서도 과학성은 찾아볼 수 없었습니다.

과학적 근거가 없다는 지적을 받았음에도 혈액형 인간론은 당시 엄청난 열풍을 불러왔습니다. 교육 현장에서는 혈액형별로 반을 편성하기도 했고, 혈액형을 보고 직원을 채용하거나 부서 배치를 할 때 혈액형을 따지는 일도 있었습니다. 지금 보면 명백한 차별이지요. 혈액형 유전자는 성별이나 피부색과 마찬가지로 태어나면서부터 정해집니다. 따라서 인종 차별과 성차별을 용납할 수 없는 것처럼 혈액형 차별 또한 허용해서는 안 됩니다. 또한 혈액형과 기질의 관계성에 관해서는 아직 과학적 근거를 발견하지 못했으니, 혈액형을 이유로 차별을 조장하는 일은 절대 있어서는 안 되겠지요.

물론 과학이 만능은 아니기 때문에 과학으로 설명하기 어려운 부분도 있습니다. 과학에서는 모든 가능성을 부정할 수는 없으니 '혈액형과 성격은 전혀 관계가 없다'라는 명제를 과학으로 완벽하게 증명하기는 어려워요. 따라서 '가능한 한 모든 조사를 했지만, 혈액형과 성격 사이에 어떤 관련이 있다는 주장을 인정할 만한 결과를 얻지 못했다'라는 결론을 내릴 수밖에 없습니다.

혈액형을 모티프로 사용한 소설 중에 인기 소설가 마쓰오카 게스케의 『천리안』(徳間書店, 2006)이라는 작품이 있습니다. 소설에는 골수 이식을 받으면 나을 수 있는 백혈병 환자가 등장하는데, 적합한 골수의 혈액형이 B형이라서 이식을 받으면 혈액형이 B형으로 바뀌게 된다는 말에, B형이 되느니 죽는 게 낫다며 환자가 이식을 거부하는 장면이 나옵니다. 이 장면의 가장 큰 문제는 B형 혈액형에 대한 편견과 차별 의식입니다. 그리고 또 한 가지, 이 환자는 큰 오해를 하고 있습니다(당연히 작가가 오해한 것이 아니라 오해한 환자가 등장할 뿐!).

다른 혈액형인 사람의 골수를 이식하면 이식받은 새로운 골수에서 생성된 혈액은 기증자의 혈액형으로 바뀝니다. 이식받은 환자의 혈액은 이식된 골수에서 생성되기 때문에 골수에서 분화된 모든 세포의 게놈에는 골수 게놈이 들어 있어요.

또한 이식을 받으면 혈액형을 결정하는 유전자만이 아니라, 이식받은 세포의 2만 개 이상의 유전자 전체가 원래 본인의 유전자와 다르기 때문에 이식받은 골수에서 생성되는 세포가 만든 모든 단백질의 영향도 함께 받게 됩니다. 하지만 골수를 제외한 압도적 다수의 다른 세포는 이식 전후로 달라지지 않아요. 따라서 그 세포들이 가진 혈액형을 결정하는 유전자도 변하지 않기 때문에 골수에서 만들어진 세포를 제외한 다른 세포의 '혈액형'은 바뀌지 않습니다.

염기 서열이 변하는 이유

돌연변이는 대부분 염기 한 개 단위로 발생합니다. 단 한 개의 염기라도 변이가 생기면 질병으로 이어질 수 있는데, 이와 같은 다양성을 '단일 염기 다형성'이라고 합니다. 참고로 인간의 게놈에는 약 300만 개의 단일 염기 다형이 존재합니다.

단일 염기 다형은 주로 DNA의 복제 중에 발생하는 실수 때문입니다. 생각해 보세요. 게놈은 30억 개의 염기로 이루어져 있고, 체세포는 60조 개나 됩니다. 양이 어마어마하다 보니 한 번도 틀리지 않고 정확하게 복제하기가 쉽지 않아 실수가 발생합니다. 물론 실수가 발생했을 때 복원하는 시스템이 있기는 합니다만, 전부 복원하기는 힘들어 결국 실수의 결과가 남습니다.

또한 DNA를 복제할 때 저지른 실수 외에 방사능이나 담배에 포함된 '변이원'이 염기에 치환, 결실, 삽입 현상을 일으키기도 합니다.

DNA를 구성하는 네 가지 염기의 화학 구조를 살펴보면 두 그룹으로 나눌 수 있습니다. 그룹 내부의 차이는 미세해서 '메틸기' 하나가 붙기만 해도 다른 염기가 되고, DNA 복제 과정 중 분열해서 생긴 두 개의 세포 중 한 개에만 다른 염기가 들어와 치환이 일어나기도 합니다. 또한 돌연변이원이 뉴클레오타이드의 염기 일부분을 잘라 버리는 일도 있습니다. DNA를 복제할 때는 잘린 부분이 없다고 간주하고 복제가 이루어지기 때문에 결국 염기 한 개가 짧은 사슬이 합성됩니다(결실).

이미 앞에서 고작 염기 한 개가 달라질 뿐인데 합성되는 단백질의 구조가 달라져 질병이 생기거나, 술을 못 마시는 체질이 되기도 한다는 예를 소개했습니다. 그뿐만 아니라 염기의 변화가 세포 증식과 관련된 유전자에서 일어나면 암과 같은 심각한 질병에 걸릴 수도 있습니다.

염색체 수 이상과 유전자 복제수 변이

DNA의 변이는 단일 염기 단위로만 일어나는 것이 아니라 유전자 단위, 염색체 단위로도 발생할 수 있습니다. 감수 분열을 할 때 복제된 자매 염색체는 원래 균등하게 나뉘어야 하지만 어떠한 원인으로 불균등하게 나누어지고, 그 결과 상동 염색체 중 한 개만 있어야 할 곳에 염색체가 두 개 있거나 아예 없는 생식 세포가 생깁니다.

이 세포가 수정에 참여하면, 상대 배우자의 생식 세포가 정상이라고 해도 해당 염색체는 세 개 또는 한 개가 됩니다. 세 개일 때를 '삼염색체성(trisomy)', 한 개일 때를 '일염색체성(monosomy)'이라고 합니다. 이렇게 되면 해당 염색체에 들어 있는 모든 유전자의 수가 세 개 또는 한 개가 되기 때문에 두 개인 경우와 차이가 발생하고, 그만큼 합성되는 단백질의 양이 많아지거나 적어집니다.

감수 분열을 할 때는 모든 상염색체에서 반드시 교차(재조합)가 일어납니다. 이때 같은 위치에서 정확하게 교차가 일어나면 좋겠지만 가끔은 틀어질 때가 있어요. 만약 그 위치에 유전자가 있었다면 이때 생성된 생식 세포에는 해당 유전자가 두 개가 되거나 아예 없어지는 일이 생기도 합니다. 마찬가지로 이 세포가 수정에 참여하면 해당 유전자 수가 세 개 또는 한 개인 수정란이 생기게 됩니다. 수만 개의 유전자 중 특정 부분의 유전자 수만 달라지는 이런 사례는 의외로 생각보다 많이 발생하고, 이를 '유전자 복제수 변이'라고 합니다. 여기서 '복제수'란 게놈 안에 해당 유전자가 몇 개 있는지를 의미합니다. 그리고 유전자 내부의 변이로 발생하는 이상 단백질의 작용뿐만 아니라, 정상 유전자의 '복제수'가 달라서 발생하는 이상도 질병의 원인이 됩니다.

1장 정리

지금까지 1장에서는 바이오테크놀로지를 이해하는 데 필요한 기초적인 지식을 살펴보았습니다. 생물의 특징을 기준으로 유전의 체계를 살피고 세포에서 세포로, 부모에게서 자식에게로 전해지는 유전 정보의 전달 방식을 유전자와 게놈을 이용해 설명했습니다. 여전히 게놈의 개념을 쉽게 이해하기는 어렵겠지만 이제 어느 정도 이미지는 떠올릴 수 있으리라 생각합니다. 2장에서는 본격적으로 구체적인 바이오테크놀로지를 살펴볼 예정입니다. 게놈에 대한 설명은 계속 이어갈 것이니 걱정하지 마세요.

유전자에 대해서는 인간의 유전자 다섯 가지를 소개했습니다. 유전자의 전체 모습을 보여주고자 일부러 재미없는 염기 서열과 아미노산 서열까지 제시했지만, 구체적인 서열의 의미까지 해석할 필요는 없어요. 전체 서열을 보여준 이유는 전체적으로 보았을 때 아주 작은 변이 하나로도 다양한 표현형의 차이가 발생한다는 사실을 실감하길 바라는 마음에서였습니다.

이 책에서 소개한 다섯 가지 염기 서열을 다 합치면 총 9,716개입니다. 인간의 게놈은 약 30억 개의 염기로 이루어져 있으며 그 안에 2만 개 이상의 유전자가 포함되어 있다고 했습니다. 이 책에 등장한 염기 서열이 길어 보일 수도 있지만, 사실 고작 인간 게놈의 31만분의 1에 불과하답니다. 우리가 감히 상상할 수 없을 만큼 방대한 정보, 그것이 바로 게놈입니다.

바이오테크놀로지

2장에서는 바이오테크놀로지의 기본 기술을 설명하고 식물과 동물, 사람에게 응용한 사례를 소개합니다.
'게놈'과 '유전자'를 이해한 지금, 전과는 다른 시각으로 '유전자 변형 식품'과 '복제 동물'을 바라보게 될 것입니다.

2-1 바이오테크놀로지, 생명공학의 기초

대장균을 이용한 재조합 DNA 실험 – 1970년대에 시작된 혁명

1953년, 제임스 왓슨과 프랜시스 크릭이 DNA의 이중 나선 구조를 발견하면서 인류는 생명의 기본 구조를 연구할 수 있게 되었습니다. 1960년대에 들어서는 유전자 복제와 전사, 번역의 체계가 밝혀졌고, 1970년대는 드디어 원하는 유전자를 잘라내 다른 생물의 몸에 집어넣는 유전자 재조합(변형) 실험이 시작되었습니다. 재조합 DNA 실험에는 주로 대장균과 같은 원핵 세포를 이용했으며, 실험은 원핵 세포에 당시 알고 있던 각종 효소를 조합하며 발전해 왔습니다.

'제한 효소', 'DNA 연결 효소(DNA ligase)', 'DNA 중합 효소(DNA polymerase)'는 재조합 DNA 실험의 주역들로, 대장균 염색체 외에 DNA 플라스미드나 대장균에 감염시키는 바이러스 '파지(phagovar)'와 같은 DNA가 재조합 DNA의 '운반체'로 이용됩니다.

또한 DNA를 절단하는 유전자 가위로 특정 염기 서열을 인식하는 제한 효소가 사용됩니다. 예를 들면 'EcoRI'라는 제한 효소는 'GAATTC'라는 여섯 개 염기 서열을 인식해 첫 번째 염기인 G와 두 번째 염기인 A 사이의 연결을 끊습니다. 제한 효소가 인식한 서열 부위는 방향은 반대지만 같은 서열일 때가 많습니다. 그래서 한 가닥을 왼쪽에서 오른쪽으로, 다른 가닥을 오른쪽에서 왼쪽으로 읽으면 서열이 서로 같아요. 이 두 개의 분자를 제한 효소가 각각 같은 서열을 가진 것으로 인식해서 이중 가닥 사슬 DNA를 완전히 끊어버리지요. 그리고 DNA 연결 효소는 절단된 이 이중 가닥 사슬 DNA의 조각들을 다시 결합하는 접착제 역할을 합니다.

재조합 DNA 실험을 통해 인간 게놈에서 성장 호르몬 유전자를 가져와 해당 유전자를 대장균에 삽입하면, 대장균이 인간의 성장 호르몬 단백질을 생

[그림 2-1] 재조합 DNA 실험에 사용되는 시약

숙주-벡터계	
숙주	벡터계
원핵생물	파지, 플라스미드
동물	바이러스
식물	바이러스, 플라스미드

재조합(변형)에 사용하는 세포(숙주)와 유전자를 운반하는 벡터 사이에는 잘 맞는 짝이 있다.

재조합 DNA 실험 도구	
증폭	대장균(원핵생물)
유전자 가위	제한 효소(단백질)
접착 물질	DNA 연결 효소(단백질)
운반체	플라스미드 벡터(DNA)

대장균 핵양체를 제외한 DNA(플라스미드)를 운반체로 삼고 접착제와 가위 기능을 하는 단백질을 이용해 목적 유전자를 가진 재조합 대장균을 만든다.

제한 효소(유전자 가위)

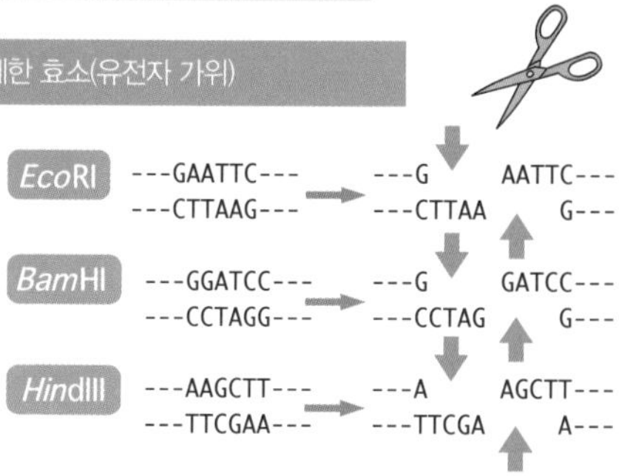

*Eco*RI	---GAATTC--- ---CTTAAG---	---G ---CTTAA	AATTC--- G---
*Bam*HI	---GGATCC--- ---CCTAGG---	---G ---CCTAG	GATCC--- G---
*Hind*III	---AAGCTT--- ---TTCGAA---	---A ---TTCGA	AGCTT--- A---

제한 효소는 특정 염기 서열을 인식해 이중 가닥 사슬 DNA를 절단해요.

성할 수 있다는 사실을 알아냈습니다.

이 방법을 이용하려면 먼저 원하는 DNA를 유전자 가위인 제한 효소로 절단하든지, 아니면 뒤에서 설명할 '중합 효소 연쇄 반응(PCR)'으로 DNA 조각을 증폭시켜야 합니다. '운반체'인 플라스미드나 파지도 같은 제한 효소로 미리 잘라둬야 해요. 이 두 물질을 일종의 접착제인 DNA 연결 효소를 이용해 결합하면 원하는 유전자를 가진 플라스미드나 파지가 만들어집니다. 이 DNA를 대장균에 감염시켜 대장균 내부에서 일어나는 전사와 번역 시스템을 이용해 목적 유전자가 합성하는 단백질을 얻을 수 있습니다. 만들어지는 단백질은 원래라면 대장균이 합성하지 않는 단백질이지요. 이때 '운반체'는 결합한 유전자가 대장균 내부에서 전사와 번역 과정을 거치도록 돕는 역할을 합니다.

다만 원핵생물인 대장균과 진핵생물은 번역 후 변형의 방식이 다릅니다. 예를 들면 진핵생물인 동물의 유전자를 대장균에 넣으면 유전 정보에 따라서 원하는 단백질을 합성할 수 있습니다. 하지만 대장균 내부에서는 번역 후 변형이 일어나지 않기 때문에 번역 후 변형이 단백질 기능 발현에 중요한 역할을 하는 단백질이라면, 대장균이 만든 단백질은 기능을 갖지 못하기도 합니다. 따라서 이럴 때는 똑같은 번역 후 변형 체계를 가진 숙주-벡터계를 이용해야 합니다.

이처럼 종을 초월해서 유전자를 재조합할 수 있고, 같은 유전자에서 같은 단백질을 만들 수 있습니다. 인류는 유전자 조작이라는 기술을 통해 지구상 모든 생물은 DNA를 생성하는 기본 분자가 같다는 사실을 증명한 것입니다. 또한 유전 과정에서 공통 물질만 사용하고 번역 과정에서도 공통 코돈을 사용한다는 사실을 알아냈습니다.

[그림 2-2] 대장균을 사용한 재조합 DNA 실험의 흐름

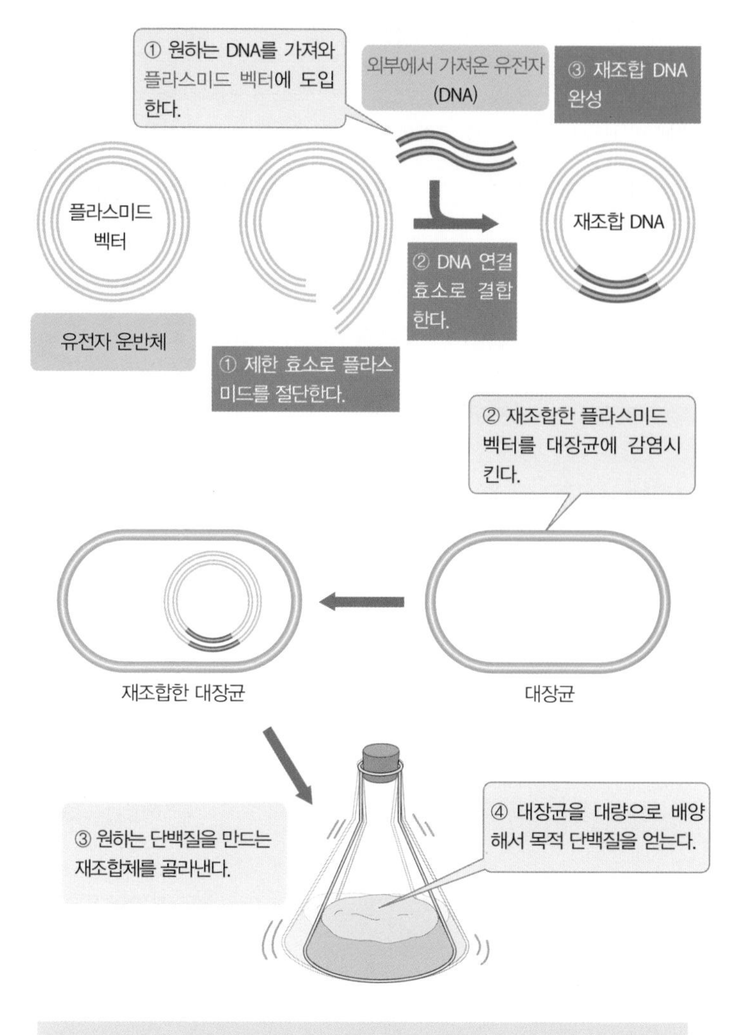

대장균과 동식물은 번역 후 변형의 체계가 다르다. 그래서 대장균이 합성하지 못하는 인간만이 가진 특수한 단백질도 있다.

바이오 실험에 사용하는 도구

이번에는 실험에 자주 사용하는 도구를 알아봅시다. 실험에서 다루는 DNA나 단백질은 양이 매우 적습니다. 그래서 일반적인 과학 실험 시간에 쓰던 실험 도구와는 조금 다른 도구를 사용해야 해요. 우선 μl(마이크로리터, 1,000분의 1밀리리터, 100만분의 1리터) 단위의 시약을 다루기 위한 기구부터 살펴보도록 할까요?

정밀한 바이오 실험에서는 시험관 대신 일명 '에펜도르프 튜브'라고 불리는 마이크로 튜브를 가장 많이 사용합니다. 1.5밀리리터 용량의 튜브에 뚜껑이 있으며, 그 외에 0.5밀리리터와 0.2밀리리터 튜브도 있습니다. 요즘은 0.2밀리리터 튜브 8개가 붙어 있는 8스트립이나 96개 구멍이 뚫려있는 96-웰 플레이트도 많이 사용합니다.

이 튜브에 원하는 만큼의 시약을 넣을 때 쓰는 기구가 '피펫맨'입니다. 피펫맨은 제조사인 길슨(Gilson)의 상품명이지만 일반적으로 통용되고 있어요. 0.1마이크로리터 단위부터 수 밀리리터 단위까지 다양한 종류가 있으며, 8스트립이나 웰 플레이트에 대응해 8개가 붙어 있는 피펫도 있습니다. 피펫은 용도에 따라서 '팁(tips)'이라는 일회용 부품을 끝에 끼워서 사용합니다.

그 외에도 튜브 안에 든 용액을 흔들어 섞어 주는(교반) '볼텍스 믹서'와 소형 원심분리기, 소형 전기영동 장치 등을 주로 사용합니다.

[그림 2-3] 실험에 사용하는 도구

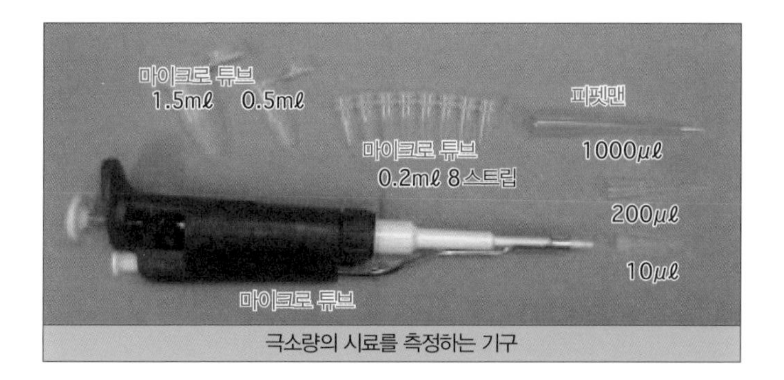

극소량의 시료를 측정하는 기구

볼텍스 믹서
튜브 교반기

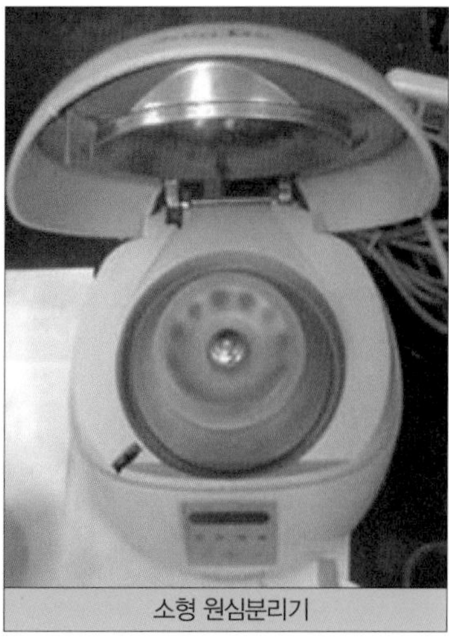

소형 원심분리기

중합 효소 연쇄 반응 – 1980년대에 시작된 혁명

재조합 DNA 실험에서는 같은 염기 서열을 가진 뉴클레오타이드나 DNA가 대량으로 필요할 때가 있습니다. 그런데 완전한 화학적 합성만으로는 일정 수준 이상으로 길고 순수한 형태의 뉴클레오타이드를 만들기 어려워요. 그래서 대장균이 가진 복제 시스템을 이용해 증폭시켜야 합니다. 다만 이 방법은 조작이 복잡해서 상당한 시간이 걸린다는 단점이 있습니다.

이 문제를 해결하기 위한 묘안을 떠올린 사람이 있었습니다. 두 가지 프라이머를 사용해 온도 조절만으로 DNA를 증폭시킬 방법을 찾았지요. 다만 이 방법에도 한 가지 결점이 있었습니다.

고온에서 DNA의 형태를 바꾸려고 할 때, 열에 약한 DNA 중합 효소(polymerase)가 기능을 잃는 바람에, 비싼 효소를 몇 번이나 추가해야 했습니다. 하지만 고온에 강한 DNA 중합 효소가 미국 옐로스톤 국립공원 간헐천에 서식하는 세균(극호열균) 안에서 발견되었어요. 이 세균은 섭씨 80도의 고온에서도 생존할 수 있었지요. 이 효소는 세균의 학명을 따라 'Taq DNA 중합 효소'라는 이름이 붙었습니다.

'Taq DNA 중합 효소'라는 열 안정성 DNA 중합 효소와 두 가지 프라이머를 함께 사용한 기술이 바로 '중합 효소 연쇄 반응(polymerase chain reaction)'입니다. 처음부터 주형이 될 DNA와 프라이머, DNA의 재료인 뉴클레오타이드, 그리고 열 안정성을 가진 Taq DNA 중합 효소를 섞어 시료를 만들면 그 다음에는 온도 변화만으로 반응을 일으킬 수 있습니다. 총 세 단계의 온도 변화가 필요하므로 세 개의 수조를 준비하고 각각 필요한 온도로 설정한 다음, 튜브를 순서대로 수조에 담그기만 하면 됩니다. 이 원리를 발견하고 'PCR'이라고 이름 붙인 사람은 1993년에 노벨 화학상을 받은 캐리 멀리스(Kary B. Mullis)입니다.

이후 튜브를 자동으로 옮겨주는 기술까지 개발되어 온도와 시간만 설정하면 신경 쓸 필요도 없이 반응을 일으킬 수 있었고, 이어서 수조가 아니라 하나의 기계 안에서 온도를 조절할 수 있는 형태도 등장해 점점 더 편하게 실험할 수 있게 되었습니다.

이 장치는 분자 생물학 실험실이라면 어느 곳이나 구비하고 있는, 연구실에 없어서는 안 될 필수 장비랍니다.

[그림 2-4] 중합 효소 연쇄 반응(PCR)의 개요

목적

특정 염기 서열을 가진 극소량의 DNA를 증폭시킨다.

특징

열 안정성 DNA 중합 효소와 두 가지 프라이머를 사용한다.

1976	극호열균(Thermus aquaticus)에서 열 안정성을 가진 Taq DNA 중합 효소를 정제
1983	캐리 멀리스가 PCR의 원리를 고안
1985	사이키(R. Saiki) 연구팀이 PCR을 확립
1988	자동 증폭 장치 출시
1988 가을	일본에 자동 증폭 장치가 처음으로 도입
1993	캐리 멀리스, 노벨 화학상 수상

Taq DNA 중합 효소

1) 기원: 극호열균 Thermus aquaticus YT1
   서식 조건은 40~80도, pH 7.5~9
   미국 옐로스톤 국립공원에 있는 간헐천에서 발견
2) 내열성: 95도로 20분간 가열해도 안정적
   최적 온도: 72도

응용 사례

유전자 복제 …… 분자 생물학에서 가장 많이 이용한다.
범죄 조사 …… 머리카락 한 가닥, 정자 한 개로도 범인을 특정할 수 있다.
친자 확인 …… 친자 관계를 확인할 수 있다.
DNA 진단 …… 전염병 진단, 암이나 유전병 발견 등
분자 고생물학 …… 호박에 갇혀 있던 생물의 유전자 증폭
진화론 …… 일본인의 기원 등
멸종생물 복원 …… 매머드 복원 계획 등

모든 분야에서 응용하는 PCR

프라이머와 주형 DNA는 특이적 반응을 통해 결합합니다. 따라서 프라이머를 설계하기만 하면 특정 유전자만 증폭시킬 수 있습니다. PCR 기술 덕분에 짧은 기간에 소량의 시료에서 특정 유전자를 증폭시킬 수 있고, 자동화가 실현되면서 대량의 샘플을 동시에 반응시키는 일도 가능해졌습니다. 당연히 PCR 기술은 다양한 분야에 응용되기 시작했습니다.

PCR에 사용하는 주형 DNA는 원리적으로 분자 한 개만 있으면 됩니다. 극소량의 샘플에서 DNA를 추출하는 기술만 있다면 모든 유전자를 증폭시킬 수 있지요. PCR은 일반적인 유전자 복제 기술 중에서도 가장 널리 이용되는 필수 기술이 되었고, 요즘은 범죄 수사나 친자 확인과 같은 DNA 감정, DNA 진단, 병원성 미생물 특정과 체내 변이 유전자 특정에도 이용됩니다. 쉽게 말해 세포 한 개에 들어 있는 DNA 분자 한 개를 추출하는 기술만 있으면, 체외수정한 초기의 난할 배아에서 세포 한 개를 추출해 유전자를 진단할 수도 있다는 말입니다.

PCR은 분자 고생물학 분야에도 응용할 수 있습니다. 호박에 갇혀 있던 고대 생물의 유전자를 증폭시킨다는 설정의 영화 '쥬라기 공원'을 현실로 만들 수도 있어요. 화석 안에 있어도 보존 상태만 양호하다면 유전자를 증폭시킬 수 있습니다. 이 기술을 응용하면 유전자를 직접 조사해 인간의 기원만이 아니라 많은 생물의 진화 과정을 해석할 수 있습니다.

PCR의 핵심: 특이적 프라이머 설계

DNA를 복제하는 효소인 DNA 중합 효소가 일으키는 반응에는 반드시 시작 위치에 프라이머로 쓰일 짧은 단일 가닥 사슬 RNA가 필요합니다. 다만 인공적으로 DNA 중합 효소 반응을 일으킬 때는 더 안정적인 단일 가닥 사슬 DNA를 사용합니다. 해당 프라이머의 서열과 상보적인 서열을 가진 주형에 프라이머가 결합하면 DNA 중합 효소 반응이 시작되고, 주형이 가진 염기 서열과 상보적인 사슬이 합성되어 늘어납니다.

따라서 PCR의 핵심은 원하는 유전자에 맞춘 특이적 프라이머를 설계하는 것에 있습니다. 인간 게놈에는 30억 개의 염기쌍에 해당하는 유전 정보가 들어 있습니다. 이 중에서 한 개의 특정 유전자만 증폭한다고 생각해 보세요. 과연 프라이머의 길이가 어느 정도여야 30억 개 염기쌍의 게놈 중에서 원하는 한 군데에만 결합할 수 있을까요?

염기의 종류는 네 가지이기 때문에 프라이머의 염기 수를 N개라고 하면 4의 N 제곱만큼의 서열을 가진 프라이머를 만들 수 있습니다. 따라서 이 프라이머가 게놈 안에서 한 곳 미만으로 나타나기 위한 N의 최솟값을 구하면 되는데, 이때 최솟값은 16입니다. 16개 염기가 무작위로 배열된 프라이머 한 개를 만들면 계산상 게놈 안에 해당 배열을 가진 곳은 한 곳도 없게 됩니다. 반대로 특정 유전자 서열을 알고 있고, 그 서열 안에서 16개 분량의 염기 서열을 가진 프라이머를 만들면, 해당 프라이머는 게놈 안에서 설계된 위치 외에는 존재하지 않기 때문에 특정 장소에만 결합하게 됩니다.

다만 실제 프라이머와 주형 DNA의 결합에서는 온도나 용액의 염도도 반응에 영향을 미치기 때문에 PCR 프라이머를 만들 때는 조금 더 긴 올리고뉴클레오타이드를 생성합니다. 정리하면 PCR의 핵심은 증폭시키고 싶은 유전자의 양 끝단에 붙는 특이적 프라이머 두 개를 설계한다는 것입니다.

PCR로 특이적 DNA 조각을 늘리는 방법

1) PCR 반응의 첫 단계: 주형 DNA의 열변성

일반적으로 섭씨 96도에서 30초 정도 반응시킵니다. 프라이머는 단일 가닥 사슬 DNA에만 결합하기 때문에 이중 가닥 사슬인 주형 DNA를 열로 분리해 단일 가닥 사슬로 만듭니다.

2) 온도를 내려서 주형 DNA에 프라이머를 특이적으로 결합시킵니다.

이때 설정하는 온도는 프라이머의 염기 서열과 길이에 따라 다릅니다. 온도가 너무 낮으면 프라이머와 주형 DNA 사이에 비특이적 결합이 발생해 원하는 유전자가 아닌 다른 곳과 결합하고, 반대로 온도가 너무 높으면 주형 DNA에 프라이머가 결합하지 않습니다.

3) Taq DNA 중합 효소가 가장 활발하게 작용하는 온도까지 올리면 신장 반응이 일어납니다.

이 과정을 25회 정도 반복합니다. 보통 PCR 반응은 두 시간이면 종료됩니다.

첫 번째 반응을 통해 두 가지 프라이머에서 시작해 주형을 따라 완성된 새로운 사슬 두 개가 생깁니다. 두 번째 반응에서도 똑같은 반응이 일어나고 첫 반응에서 생긴 새로운 두 개의 사슬도 주형이 되어 두 가지 프라이머 사이에 끼인 조각이 생성됩니다([그림 2-5]에서 파란색 조각). 세 번째 반응에서도 두 번째 반응과 똑같은 반응이 일어나고, 두 가지 프라이머 사이에 끼인 조각도 주형이 되어 신장 반응을 일으킵니다.

어떤 사슬이 생성되는지 원래의 주형 게놈 DNA의 이중 가닥 사슬 중 한 가닥에만 주목해서 살펴봅시다. 원래의 주형 DNA는 PCR 반응 전후에 계속 단일 가닥인 채로 존재합니다. 이 DNA를 주형으로 삼고 늘어나는 사슬은 25번의 반응을 거쳐 길이가 각기 다른 25개의 분자가 됩니다. 이때 두 프라이머 사이에 끼인 DNA 조각은 반응을 한 번씩 거칠 때마다 두 배로 늘어나기 때문에 25회 반복하면 계산상 약 2의 25제곱만큼 늘어나게 됩니다.

[그림 2-5] PCR의 원리 – 프라이머 사이에 끼인 영역의 증폭

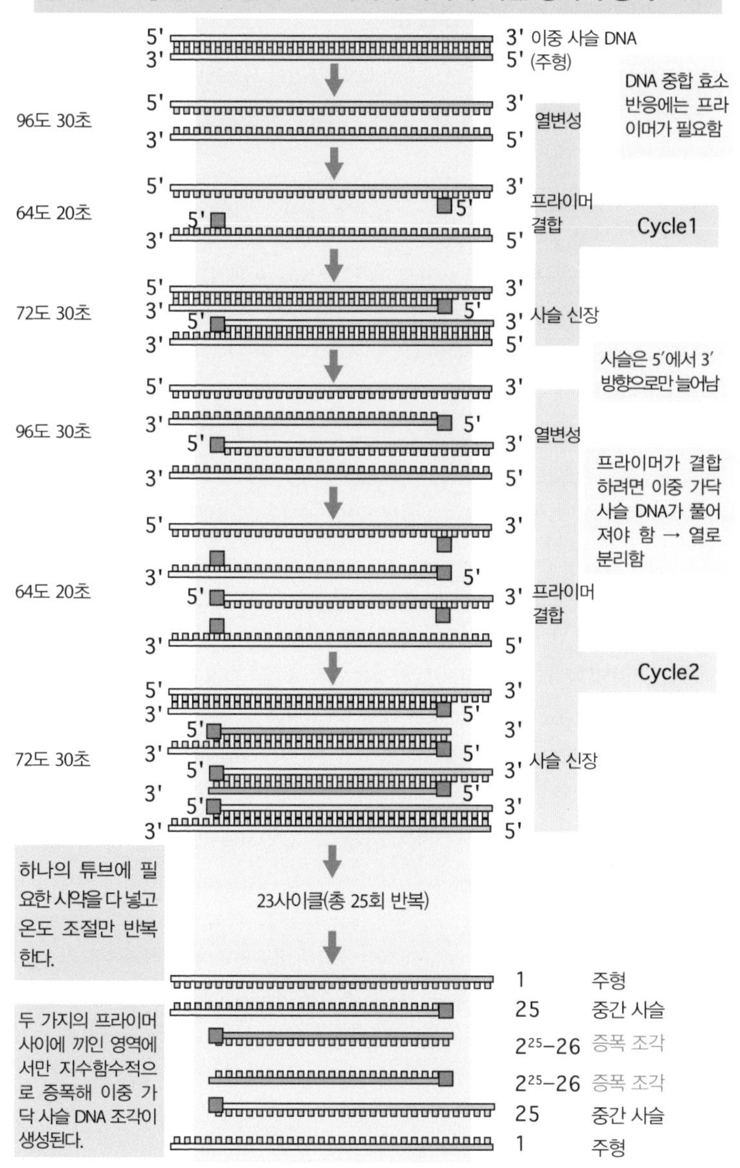

DNA 조각을 분리해 확인하는 방법 – 아가로스 겔 전기영동법

재조합 DNA 실험에는 다양한 종류의 DNA 조각이 사용됩니다. 이 DNA 조각들의 길이와 순도, 농도는 해당 DNA 조각을 녹인 용액을 '전기영동법'으로 분석하면 알 수 있습니다.

DNA는 구성 요소로 인산기를 가지고 있어 음전하를 띱니다. 따라서 DNA 조각이 녹아 있는 용액에 전류를 흘리면 용액 속에 있는 DNA는 모두 양극 쪽으로 이동합니다. 이 성질을 이용해 아가로스(agarose)와 아크릴아마이드(acrylamide)를 '겔(gel)' 상태로 만들고, 그 안에서 DNA 조각을 넣어 영동(이동)시키는 방법이 고안되었습니다.

입체적인 그물망 구조를 가진 겔의 음극 쪽에 길이가 다른 DNA 조각의 혼합 용액을 주입하고 전류를 흘리면 DNA 조각은 겔 내부에서 양극 쪽을 향해 이동합니다. 이때 DNA 조각이 짧을수록 이동 속도가 빠르고 길수록 천천히 이동합니다. 이 성질을 이용하면 DNA 조각을 길이별로 분리할 수 있습니다.

실험에는 이미 길이를 아는 여러 개의 DNA 조각이 들어 있는 용액을 준비해서 '분자량 마커'로 사용합니다. 분자량 마커 용액과 미지의 DNA 조각을 섞은 혼합 용액을 같은 겔 속 다른 위치에 주입하고, 전류를 흘리면 DNA 조각이 겔 내부에서 분자량의 차이에 따라 분리되며 이동합니다. 이때 길이를 알고 있는 DNA 조각의 이동 거리와 비교하면 미지의 DNA 조각 길이를 추정할 수 있어요. 실제로 이동 거리와 분자량(염기 수)의 로그는 비례 관계에 있습니다.

겔 안에 있는 DNA는 눈에 보이지 않기 때문에 색소를 사용해 염색해야 합니다. 이때 자주 사용하는 색소는 '브로민화 에티듐(Ethidium bromide)'입니다. 이중 가닥 사슬 DNA 조각의 염기 결합을 끊고 그 사이를 파고 들어가는 성질을 가지지만 이 때문에 암을 유발한다는 의혹을 받기도 해요. 브로민화 에티듐은 자외선에 노출되면 색이 나타나는 성질이 있습니다. 따라서

[그림 2-6] 아가로스 겔 전기영동법에 사용하는 기기와 원리

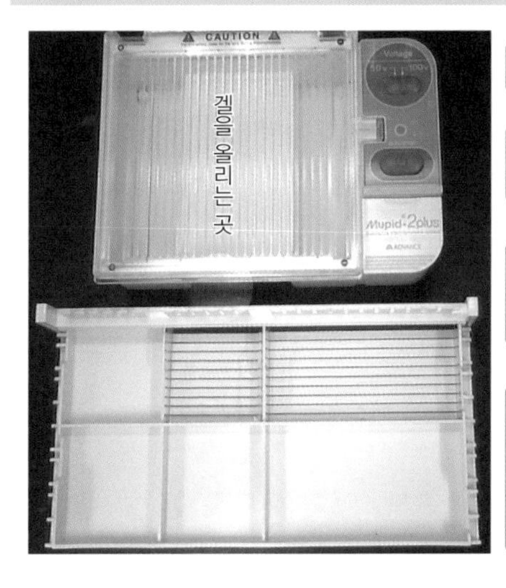

전압: 100V와 50V

이렇게 단순한 장치에서 DNA 조각이 영동(이동)한다.

아가로스 겔(한천)에 사방 6센티미터 정도의 작은 홈을 만든다.

가루 한천을 영동 용액에 섞고 전자레인지로 데워서 녹인 다음, 왼쪽 사진에 있는 틀에 흘려 넣어서 식히며 굳힌다.

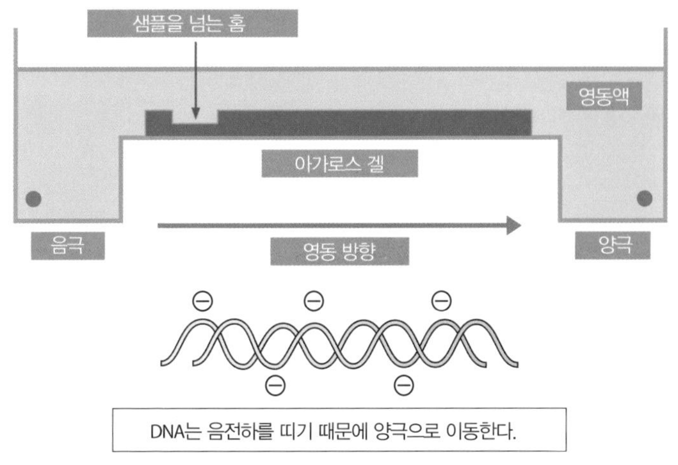

DNA는 음전하를 띠기 때문에 양극으로 이동한다.

한천에서 유래한 아가로스 분자를 홈을 팔 수 있는 겔 상태로 만들고, 홈에 시료를 넣어 전기를 흘리면 DNA가 겔 안에서 영동(이동)한다.

DNA 조각을 브로민화 에티듐으로 염색하고 그 후에 자외선을 쬐면 DNA를 직접 눈으로 볼 수 있습니다. 게다가 DNA의 일정 길이마다 파고드는 성질도 있고, 색의 강도와 DNA 농도가 비례하기 때문에 염색한 DNA의 발색 강도를 측정하면 DNA의 농도도 알 수 있어요. 즉 전기영동법을 이용하면 혼합 용액에 포함된 미지의 DNA 조각의 길이만이 아니라 각각의 농도도 알아낼 수 있어서 혼합 용액의 '순도'를 계산할 수 있습니다.

현재는 겔의 종류와 영동용 완충액의 종류, 또는 전류를 흘리는 방식(펄스로 하는 경우도 있음)이 발전해서 염기 수가 수천 개에서 수십만 개에 이르는 긴 DNA 조각을 분리할 수 있습니다. 또 반대로 염기 수가 1,000개 이하인 DNA 조각을 단일 염기 단위로 분리하는 일도 가능해졌습니다. 이를 통해 거대한 복제 DNA 조각을 분리하거나 DNA 염기 서열을 알아낼 수도 있지요. 전기영동 장치는 다른 기계에 비해 가격도 저렴한 편에 속해 간단한 설계에 많이 사용됩니다. 겔을 만드는 방법도 간단하고 영동 시간도 25분 정도로 짧은 편이에요.

이외에도 단일 가닥 사슬인 RNA는 다양한 2차 구조를 갖기 때문에 RNA 분자를 변성시켜서 형태를 맞추고, 변성된 상태로 영동할 수 있도록 고안된 겔을 이용해 분리합니다.

[그림 2-7] 아가로스 겔 전기영동법을 이용한 DNA 분리

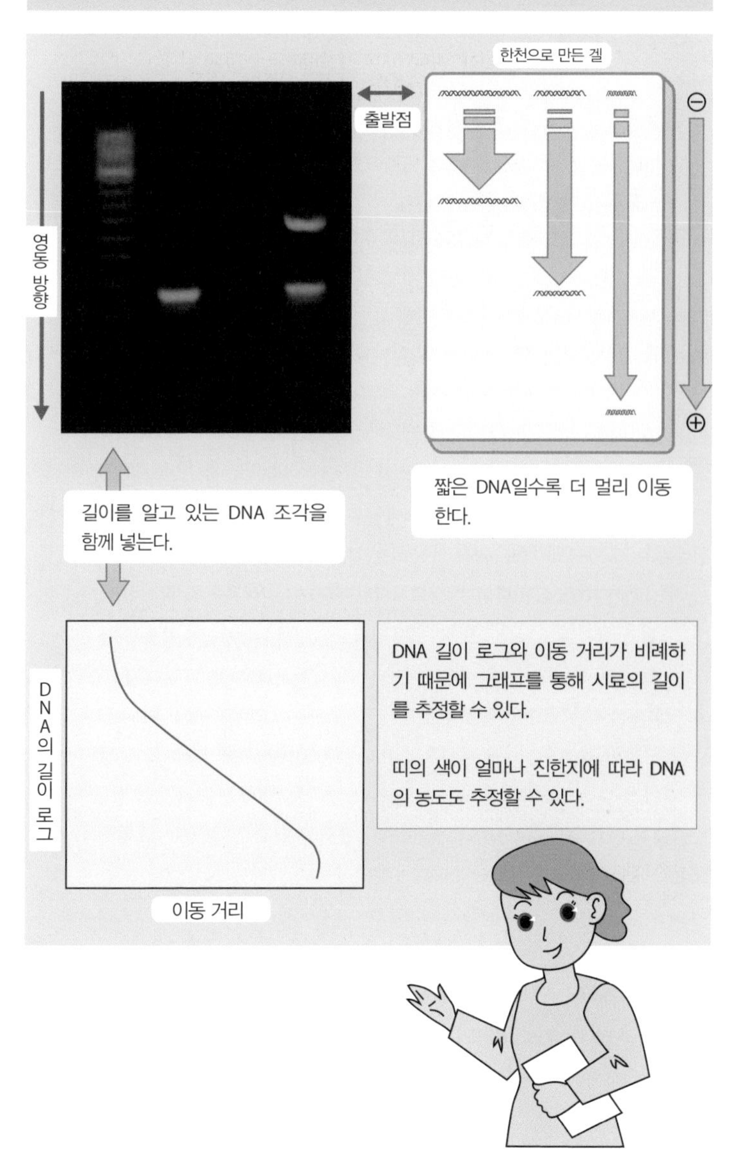

염기 서열을 알아내는 방법 – 생어 염기 서열 분석법

앞에서 재조합 DNA 실험에 사용하는 DNA 조각의 길이, 순도, 농도는 전기영동법으로 알아낼 수 있다고 했습니다. 하지만 DNA의 염기 서열까지 알 수 없기 때문에 다른 분석 방법이 필요합니다. DNA 염기 서열은 다양한 방법으로 분석할 수 있지만, 이 책에서는 그중에서 가장 널리 쓰이는 '생어 염기 서열 분석법'에 대해서 살펴볼 것입니다.

알다시피 DNA는 뉴클레오타이드의 중합체입니다. DNA 합성 시 폴리뉴클레오타이드의 3′ 말단에 유리 상태로 있는 수산기(OH)와 주형에 상보적인 데옥시리보뉴클레오타이드의 5′에 있는 인산 사이에 새로운 결합이 발생하고, 이 결합이 반복적으로 일어나면서 DNA 사슬의 길이가 길어집니다. 만약 이때 유리 상태의 수산기가 수소로 치환되면 DNA 사슬은 더 이상 길어지지 않습니다.

이 사실을 이용하면 DNA의 염기 서열을 알아낼 수 있습니다. 보통 DNA 합성에는 네 가지의 데옥시리보뉴클레오타이드를 사용하는데, 이때 3′에 있는 수산기가 수소로 치환된 디데옥시리보뉴클레오타이드('디'는 2라는 의미) 소량을 함께 넣습니다. 그러면 데옥시리보뉴클레오타이드가 결합할 때는 DNA 분자의 길이가 길어지지만, 디데옥시리보뉴클레오타이드가 결합되면 그 시점에서 신장 반응이 멈춥니다.

예를 들어 볼까요? 먼저 주형으로 100개의 염기를 가진 DNA를 사용하면 길이가 다른 100가지의 뉴클레오타이드가 생깁니다. 100가지 모두 3′ 말단에는 디데옥시리보뉴클레오타이드가 결합해 있고, 그 외에는 데옥시리보뉴클레오타이드가 결합해 있지요. 설명이 복잡해지니 프라이머는 잠시 미뤄둡시다.

이 DNA를 가는 튜브나 관에 겔을 채운 모세관(capillary)을 이용한 전기영동법으로 분리합니다. 그러면 100가지의 혼합 조각들은 짧은 것부터 끝 쪽으로 영동(이동)하기 시작해 100가지 전부 구별할 수 있도록 서로 다른 거리만큼 이동합니다.

[그림 2-8] 염기 서열 분석법에 사용하는 특수한 염기

형광으로 표시한 디데옥시리보뉴클레오타이드를 이용한다.

디데옥시리보뉴클레오타이드	데옥시리보뉴클레오타이드
P — O — CH_2 (5'), O, H, H	P — O — CH_2 (5'), O, 염기, 3'OH, H
염기: AGCT	염기: AGCT
염기를 각각 다른 형광물질로 표시한다.	일반 염기

[그림 2-9] 생어 염기 서열 분석법

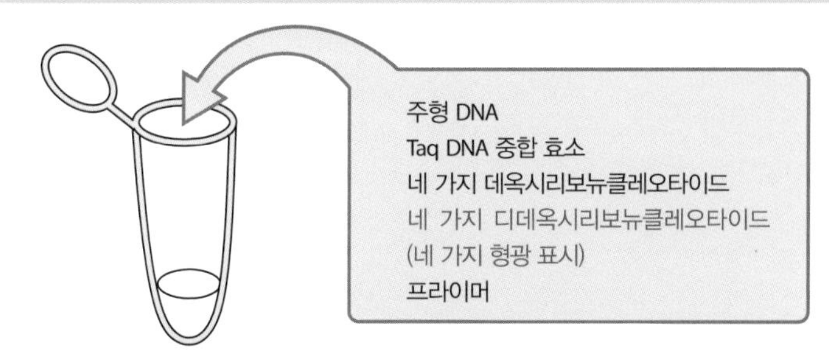

데옥시리보뉴클레오타이드를 이용해 일반적인 신장 반응을 하다가 디데옥시리보뉴클레오타이드가 결합하면 신장 반응이 멈춘다.

신장 반응의 방향

5' → 3'

3' GAGATCGGGCACCGTGTATG 5'

알고 싶은 서열(주형 DNA)

하지만 이대로는 100가지 DNA 조각을 겔 내부에서 분리한 것일 뿐 각 조각의 3′ 말단에 네 가지 중 어떤 디데옥시리보뉴클레오타이드가 결합했는지는 알 수 없어요. 그래서 네 가지 디데옥시리보뉴클레오타이드를 각각 다른 색의 형광 색소로 염색해 미리 구별해 둡니다. DNA 조각은 전부 3′ 말단에 한 개의 디데옥시리보뉴클레오타이드가 결합하기 때문에 형광 색소를 이용하면 구별할 수 있습니다.

이렇게 100개 조각 전부를 겔 내부에서 분리하고 3′ 말단 부분의 염기 종류를 알면 주형이 가진 100개분의 염기 서열 전부를 알아낼 수 있습니다. 다시 말해 100개 조각 중 가장 짧은 것부터 순서대로 어떤 색소가 붙어 있는지 분석하면 그 순서의 상보적 배열이 주형의 염기 서열이 된다는 말입니다.

최근 일련의 반응과 전기영동 과정, 염기 서열 해석까지 자동으로 분석해주는 로봇이 개발되어 인간 게놈 해석 분야에서 많은 활약을 하고 있습니다. 거대한 DNA 클론의 선별부터 DNA 염기 서열 분석을 위한 반응, 전기영동, 형광 측정을 이용한 서열 해석까지를 96개 샘플 단위로 처리하는 로봇도 등장했어요.

또한 전혀 다른 원리를 이용해 대량으로 염기 서열을 읽어내는 시스템도 연구 중입니다. 게놈의 단위를 총망라해서, 심지어 저렴한 비용으로 단번에 서열을 읽어주거나 DNA 분자 한 개를 주형으로 염기를 한 개씩 실시간으로 빠르게 읽어주는 '차세대 시퀀서(염기 서열 분석기)' 연구도 진행되고 있답니다.

[그림 2-10] 모세관 전기영동을 이용한 염기 서열 분석법

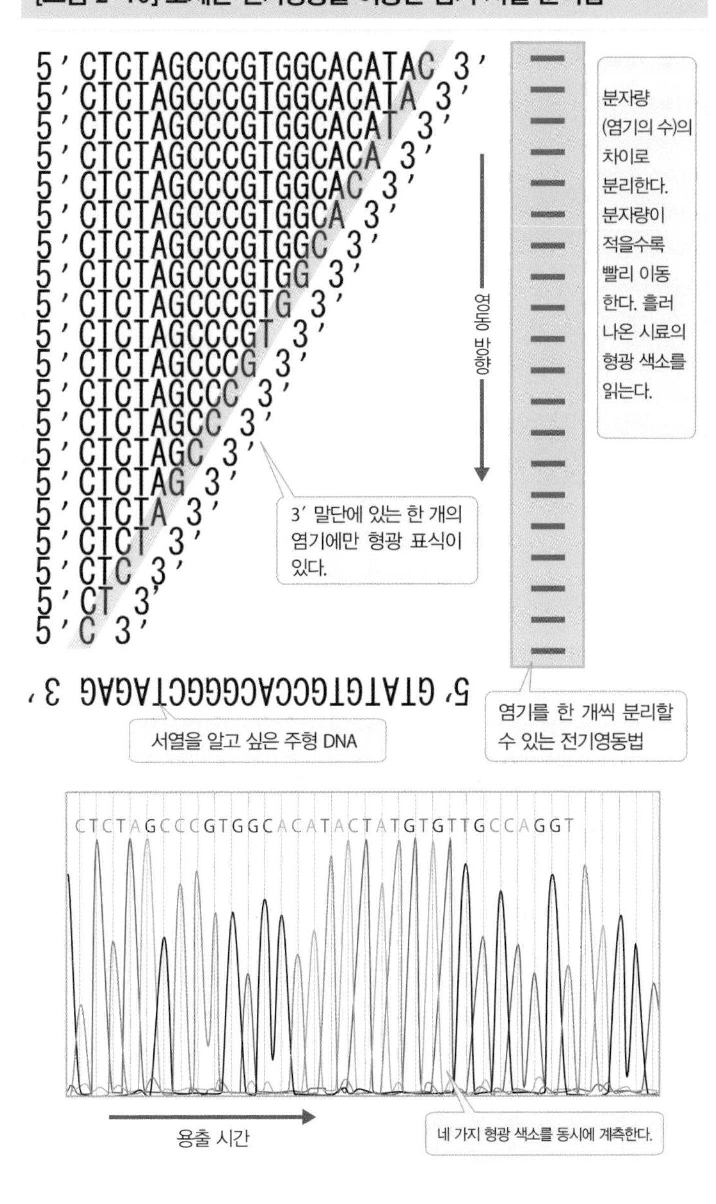

생명 정보학 – 바이오인포매틱스

DNA의 염기 서열과 단백질의 아미노산 서열을 나타내는 유전 정보 외에도 생명에 관련된 정보는 많습니다. 당사슬에 있는 당의 연결 방식이나 세포 내부에 존재하는 네트워크를 비롯해 조직, 기관, 생물 개체 관점에서 본 다양한 생명 현상도 모두 생명 정보가 됩니다. 생명에 관련된 정보를 포괄적으로 다루는 학문을 '바이오인포매틱스(bioinformatics)'라고 하는데, 최근 이 분야가 급속도로 성장하고 있습니다. 바이오인포매틱스는 지구상에 존재하는 생명 현상을 종합적으로 이해하고자 하는 학문으로 이를 통해 얻은 지식은 생물학의 기초 연구뿐만 아니라 의학이나 건강 관리에도 활용될 수 있습니다.

서열 데이터가 포함된 논문을 투고할 때는 먼저 의무적으로 데이터베이스에 서열 데이터를 등록해야 합니다. 이 데이터베이스에는 누구나 무료로 이용할 수 있도록 잘 정리된 데이터가 공개되어 있어요. 이 책에서 구체적인 유전자를 소개할 때 예시로 사용한 염기 서열이나 아미노산 서열도 데이터베이스에 있으니 접근 번호로 검색하면 원본 데이터를 볼 수 있답니다(예: 일본 DNA 데이터뱅크, http://www.ddbj.nig.ac.jp/Welcome-j.html).

염기 서열 분석 방법의 속도가 빨라지면서 축적되는 데이터의 양이 방대해지자, 고속으로 대용량 데이터를 처리할 수 있는 컴퓨터 기술 개발도 필요해졌습니다. 단순히 서열 정보를 들여다보기만 해서는 아무것도 알아낼 수 없습니다. 데이터베이스에 축적된 정보가 의미 있으려면 다양한 분석용 소프트웨어가 필요해요. 그런 의미에서 생명 과학과 정보 산업은 그 어느 때보다 밀접한 관계를 맺고 있습니다.

단돈 100달러면 가능한 게놈 분석

게놈 정보를 읽는 속도는 빨라지고 비용은 점점 저렴해졌습니다. '차세대 시퀀서'를 이용하면서 많은 사람의 게놈 정보가 데이터베이스에 등록되었습니다. 이미 자기 게놈을 대강 분석해 주는 유료 상업 서비스가 출시되었고, 곧 적은 비용(약 100달러)으로 개인의 전체 게놈을 분석할 수 있는 시대가 열릴 것입니다. 우리는 이미 질병에 관련된 많은 유전자를 밝혀냈어요. 따라서 전체 게놈을 읽으면 자신이 어떤 유전자형을 가졌는지도 알 수 있습니다. 유방암과 같은 수많은 질병의 발병 확률이 유전자 유형에 따라 다르다는 사실이나, 같은 약이라도 게놈 유형에 따라 나타나는 효과가 다르다는 사실도 알았습니다. 이런 사실들을 활용하면 더 정밀한 치료와 처방을 받을 수 있겠지요?

그런데 치료법이 있는 질병이라면 다행이지만, 게놈 분석을 통해 치료가 불가능하거나 나을 가망이 없는 질병에 걸릴 수 있다는 사실까지 알게 된다는 점은 상당히 유감입니다. 왜냐하면 개인의 문제로 끝나지 않을 수 있기 때문입니다. 만약 해당 질병이 우성 유전병이면 대립 유전자 중 해당 유전자를 한 개만 가져도 발병할 확률이 커집니다. 예를 들어 중년 이후에 심각한 병에 걸려 죽음에 이를 수 있는 우성 유전병이 있다고 합시다. 할머니가 과거에 이 병을 앓았다는 사실을 알게 된 한 사람이 자신도 병에 걸릴 확률이 있는지 궁금해서 검사를 받았습니다. 그런데 문제는 검사 결과가 양성이면 그 사람뿐만 아니라 부모도 동시에 양성 판정을 받게 됩니다. 부모는 아직 발병하지 않았고 자신의 미래를 알고 싶지도 않았지만, 자식이 검사를 받는 바람에 원치 않게 미래를 알게 될 수도 있습니다.

DNA를 이용한 감정 방법

이번에는 범죄 수사나 친자 검사, 또는 식품의 표시 의무 위반을 판정할 때 자주 사용하는 방법인 'DNA 감정'에 관해 살펴보겠습니다. 개인을 특정할 때는 게놈 안에서 많이 보이는 반복 서열을 이용합니다. 게놈에서 유전자 영역이 차지하는 비율은 1퍼센트 정도로, 그 외 영역의 53퍼센트는 중복 서열과 반복 서열이 차지하고 있습니다. 또한 게놈 내부에 있는 반복 서열 한 개를 자세히 살펴보면 반복 횟수가 개인마다 다르다는 사실을 알 수 있습니다. 이렇게 개인차가 있는 반복 영역을 여러 개 고른 다음, 각각 몇 번 반복되는지 알아내면 개인을 특정할 수 있습니다. 이때도 물론 PCR을 이용합니다.

구체적으로 설명해 볼까요? 먼저 특정 반복 영역에 결합하는 특이적인 프라이머를 설계해서 반복 서열을 증폭시키고, 증폭된 조각의 길이를 전기영동법으로 알아냅니다. 반복 횟수를 파악할 반복 영역을 개인을 특정할 수 있을 만큼 골라내면 정밀도를 높일 수 있어요. 일본에서는 2006년 11월부터 게놈 내부의 17군데를 측정해서 약 77조 개의 패턴을 식별할 수 있습니다.

비록 이 방법으로는 반복 서열의 수를 아무리 늘려도 두 샘플의 게놈이 100퍼센트 일치한다고 할 수 없지만, 감정하는 반복 영역을 늘리면 감정 결과를 거의 100퍼센트에 가깝게 만들 수 있습니다. 또한 실제 범죄 수사에서 DNA를 감정할 때는 범행 현장이나 피해자에게서 시료를 채취하는 일이 매우 엄격하게 이루어집니다. 얻은 시료를 과학적으로 감정할 수는 있지만 어떤 시료를 감정할지, 어떤 방법으로 시료를 채취했는지에 따라서 감정 결과의 유효성이 크게 달라지기 때문입니다.

[그림 2-11] 반복 횟수의 차이를 이용한 DNA 감정의 예

다음에 제시한 A, B, C의 반복 서열이 있다고 하자. 염색체는 쌍을 이루고 있기 때문에 AA, AB, AC, BB, BC, CC의 6가지 유전형을 가진 사람이 있다.

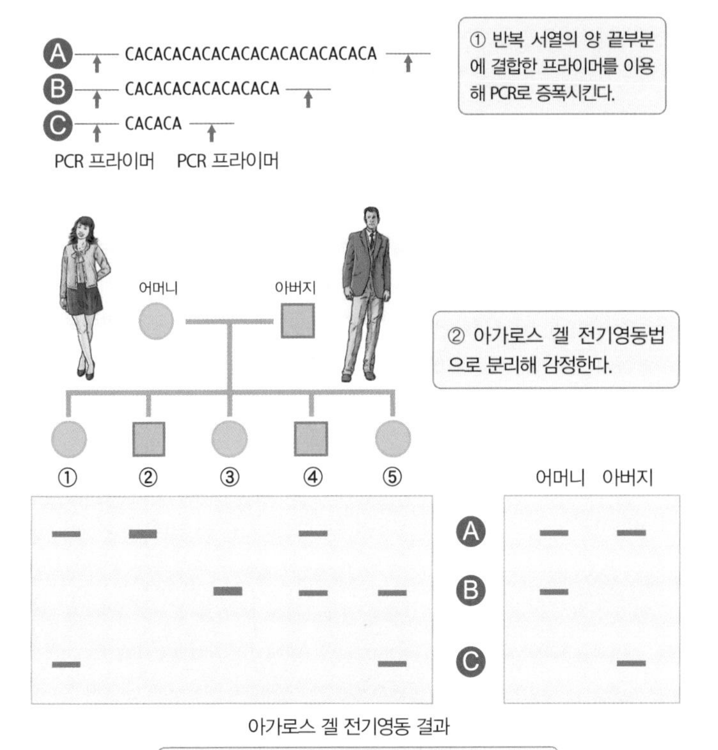

아가로스 겔 전기영동 결과

부자 관계가 아닌 사람은 몇 번일까?
(정답: ③번 아이는 B를 가진 아버지의 자식)

DNA 시료가 확실하다면 부자 관계가 아니라는 판정은 내릴 수 있지만, 100퍼센트 신뢰도로 판정할 수는 없다.

카르타헤나법 – 유전자 변형 생물의 사용 규정

재조합 DNA 실험과 같이 생물의 유전자를 조작하는 실험은 아무나 마음대로 할 수 있는 것이 아닙니다. 현재 일본에는 유전자 변형 생물에 관한 규제로 '유전자 변형 생물 등의 사용 규제를 통한 생물 다양성 확보에 관한 법률(일명 카르타헤나법)'이 제정되어 있습니다. 실험할 때는 반드시 법률에서 정한 규정에 따라 진행해야 하지요.

1973년, 대장균을 이용한 재조합 DNA 기술이 처음으로 확립되자 1975년, 일명 '아실로마 회의'를 개최해 안정성 대책을 검토하기 시작했습니다. 그리고 다음 해인 1976년에 미국 국립위생연구소(NIH)가 재조합 DNA 실험 지침을 제정하면서 재조합 DNA 실험의 규정이 만들어졌지요. 일본은 1979년에 당시의 문부성과 과학 기술성이 재조합 DNA 실험 지침을 제정했습니다. 그 후로 진행된 실험 결과에 따라 지침상 엄격한 부분을 차례대로 고쳐가면서 2004년 2월까지 25년간 운용해 왔고, 이 지침은 카르타헤나법으로 이어졌습니다.

카르타헤나법에는 '생물'과 '유전자 변형 생물'에 대한 독자적인 정의가 포함되어 있습니다. 또한 유전자 변형 생물을 '확산을 방지하지 않으며 사용(제1종 사용)'하는 생물과 '확산을 방지하면서 사용(제2종 사용)'하는 생물로 나누어 세부적인 절차를 규정하고, 징역형을 포함한 처벌 규정도 마련되어 있어요. 관련 정령, 법령, 고지도 많아서 실험 계획을 세우기 전에 먼저 법률부터 공부해야 할 정도입니다. 그다음 계획서를 작성해서 인허가 절차를 밟고, 적절한 대응을 하는 복잡한 절차를 거치지 않으면 연구 자체를 진행할 수 없습니다.

* 한국의 경우 카르타헤나의정서의 이행을 위해 필요한 사항을 '유전자변형생물체법(유전자 변형 생물체 국가 간 이동 등에 관한 법률, LMO법)'으로 제정했습니다. 유전자 변형 생물체(LMO)로 인해 발생할 수 있는 국민건강, 생물 다양성 보전 및 지속적 이용의 위해를 사전에 방지하고 국민 생활의 향상 및 국제 협력을 증진할 것을 목적으로 합니다.

[그림 2-12] 카르타헤나법

재조합 DNA 기술 연표

1973년 재조합 DNA 기술 확립
1975년 '아실로마 회의'에서 안전성 검토
1976년 NIH 지침
1979년 일본에서 재조합 DNA 실험 지침 수립
1993년 생물 다양성에 관한 조약 발효
2003년 카르타헤나의정서 발효
2004년 일본에서 재조합 DNA 실험 지침 폐지
일본에서 카르타헤나법 시행

카르타헤나의정서

생물의 다양성에 관해 규정한 조약인 '바이오 안정성에 관한 카르타헤나 의정서'
2003년 9월에 발효
일본은 2003년 11월에 73번째로 체결하고 2004년 3월에 발효
2008년 4월 30일 기준 146개국 및 유럽연합(EU)이 체결
2022년 4월 기준 우리나라 포함 173개국(EU 포함)이 가입

카르타헤나법

유전자 변형 생물 등의 사용 규제를 통한 생물의 다양성 확보에 관한 법률(일본)

카르타헤나법의 개요

제1종 사용 등 확산을 방지하지 않으며 사용 등
(농림수산성 환경성)
격리 농원, 일반 농원

제2종 사용 등 확산을 방지하면서 사용 등
(문부과학성)
연구개발, 실험실, 폐쇄계 온실

2-2 식물의 바이오테크놀로지

채소의 수경 재배

슈퍼에서 파는 채소의 세포는 살아있습니다. 수경 재배를 해 보면 금방 알 수 있어요. 시장에서 산 당근을 잘라서 물에 담가 두기만 해도 잎과 뿌리가 자라기 때문입니다. 단순히 물만으로도 자라기는 하지만 물 대신 배양액을 사용하면 집에서도 생명 공학 실험을 할 수 있습니다.

-식물의 유성 생식과 무성 생식

꽃은 '유성 생식 기관'을 가진 생물로 암술에 수술의 꽃가루가 붙으면(수분) 씨앗이 생깁니다. 수술과 암술은 감수 분열로 만들어지기 때문에 부모와는 다른 게놈을 가지고, 생성된 씨앗도 모두 다른 게놈을 갖습니다. 예를 들어 옥수수 한 개와 수박 한 통에는 많은 씨앗이 있지만 전부 다른 게놈을 가지고 있어요.

한편 체세포에서 유래한 '무성 생식 기관'에서는 복제, 즉 클론이 만들어집니다. 예를 들어 시장에서 파는 대파는 90퍼센트가 클론입니다. 튤립의 구근도 무성 생식 기관으로 뿌리에서 자라나 만들어져요. 양파는 비늘꼴줄기가, 감자는 덩이줄기가 각각 잎에서 생기고, 참마는 줄기에 살눈(무성눈)이 생깁니다. 이와 같은 무성 생식 기관에서는 부모와 완전히 같은 게놈을 가진 작물(클론)이 자랍니다. 그밖에 수국의 잎처럼 꺾꽂이로 번식하는 식물이나 포도처럼 휘문이로 번식하는 식물도 있어요. 이처럼 생식 기관을 통하지 않고 무성 생식으로 개체를 늘릴 수 있는 식물이 있습니다. 그리고 벼나 보리처럼 무성 생식 기관을 만들지 않고, 꺾꽂이도 불가능한 식물도 있습니다.

[그림 2-13] 당근의 수경 재배

8월 23일 첫날	9월 21일 29일째 멋진 잎이 나왔다.	10월 3일 51일째 잎의 일부가 갈색으로 변했다.
10월 17일 65일째 잎이 점점 갈색으로 변한다.	11월 2일 81일째 잎이 시들었다.	11월 2일 뿌리가 생겼다.

시장에서 파는 당근을 물에 담가 두면 뿌리와 잎이 생긴다.

[그림 2-14] 유성 생식과 무성 생식의 차이

유성 생식은 감수 분열을 통해 수술과 암술이 생기기 때문에 체세포와 다른 게놈을 가진다. 씨앗은 수술과 암술 사이에서 일어나는 수분을 통해 생기므로 씨앗의 게놈도 각각 다르다.

옥수수 한 개에 있는 씨앗
수박 한 통에 있는 씨앗
한 그루의 밤나무에서 열린 알밤

씨앗은 부모와 다른, 잡다한 품종의 집합체다. 씨앗에서는 부모와 같은, 클론 작물이 자라지 않는다.

	무성 생식 기관	유래
튤립	구근	뿌리
양파	비늘꼴줄기	잎
감자	덩이줄기	잎
참마	살눈	잎
수국	꺾꽂이	잎
포도	휘묻이	

무성 생식 기관은 체세포 분화로 생긴다. 감수 분열이 아니기 때문에 부모와 같은, 복제 작물이 자란다.

식물 육종 – 유전자 변형 이전의 기술

육종이란 자연적인 '교배'를 통해 식물의 품종을 개량하는 방법입니다. 다만 분류상 가까운 관계에 속하는 근연종의 경우 교배는 가능하지만 대부분 '불임'이 되어 씨앗이 생기지 않고, 관계가 먼 원연종 간의 교배는 일반적으로 불가능합니다. 그래서 육종에서는 '조직 배양' 기술을 이용한 '세포 융합법'을 주로 사용합니다.

-조직 배양

전통 육종에서 사용하는 기본 기술은 '조직 배양법'입니다. 1960년대에 식물 호르몬의 발견과 함께 확립되었지요. 이 기술은 적당한 양분과 수분, 호르몬 등의 성장 조절 물질을 첨가해 인공 합성한 한천 배지에서 식물의 세포나 조직을 증식시키는 기술로 현재도 많이 사용합니다. 잎이나 줄기, 뿌리로 분화된 세포를 호르몬으로 '탈분화' 시키면 분화 전 상태의 세포 덩어리가 생깁니다. '캘러스(callus)'라고 불리는 이 덩어리는 뿌리, 줄기, 잎과 같은 조직의 형태를 갖지 않습니다. 또한 캘러스는 한천 배지 위에서 탈분화된 상태로 배양하거나 호르몬을 이용해서 '재분화' 시킬 수도 있습니다.

과거 호접란은 씨앗을 얻기 어려운 고급 꽃으로 취급되며 '포기나누기' 법으로만 개체를 얻을 수 있었습니다. 하지만 포기나누기로는 하나의 개체에서 고작 몇 개밖에 늘릴 수 없었기 때문에 희소성까지 생겨 그야말로 귀한 대접을 받았습니다. 하지만 지금은 호접란도 조직 배양 기술을 이용해 얼마든지 재배할 수 있습니다.

딸기, 토란, 수박, 토마토의 모종도 조직 배양으로 만들 수 있습니다. 이렇게 생성된 모종은 씨앗에서 자라는 모종과는 달리 클론(복제종)입니다. 이와 같은 조직 배양 기술 덕분에 인공적으로 관리된 환경에서 일 년 내내 재현성이 높은 실험 결과를 얻을 수 있게 되었습니다.

조직 배양 기술을 응용한 배양 방법에는 '씨눈 배양', '꽃밥 배양', '원형질체 배양'이 있고, 나아가 다른 종의 세포를 융합하는 '세포 융합'도 개발되었습니다. 이 기술들을 간략하게 살펴봅시다.

-씨눈 배양

양배추와 배추처럼 서로 다른 종을 교잡(이종 간 교배)시키면 수정이 되더라도 배아의 성장이 도중이 멈추거나 죽기도 합니다. 이런 경우 당연히 씨앗은 생기지 않습니다. 이 문제를 해결하고자 성장이 가능한 미숙한 배아 단계에서 인공적으로 조직 배양하고, 호르몬을 조절해 분화 · 증식시키는 방법이 고안되었습니다. 이 방법을 씨눈 배양이라고 하며, 씨눈 배양을 통해 양배추 게놈과 배추 게놈이 섞인 '쌈추'가 탄생했습니다. 일본에서 많이 먹는 '천보채' 역시 양배추와 소송채의 씨눈 배양으로 만들어졌어요. 그밖에도 가지과, 유채과, 참외과, 콩과, 백합과, 벼과 식물들 사이에서 많은 잡종 식물이 만들어졌고, 그중 많은 품종을 식품으로 섭취합니다. 다만 씨눈 배양 기술은 관계가 너무 먼 원연종 식물 간에는 적용할 수 없다는 단점이 있습니다.

-꽃밥 배양

꽃밥은 수술 끝에 붙어 있는 꽃가루주머니를 말합니다. 꽃밥은 생식 세포이기 때문에 반수체이지만 특정 약품을 사용해서 배수화할 수도 있어요. 감수 분열을 통해 만들어지는 꽃밥은 게놈 구성이 매우 다양합니다. 따라서 꽃밥을 배수화해 배양하면 그만큼 다양한 개체를 만들 수 있지요. 꽃밥 배양 기술은 주로 벼 품종을 개량할 때 많이 사용하며, 벼 외에도 배추와 브로콜리를 비롯한 200종 이상의 식물이 꽃밥 배양에 성공했습니다.

-원형질체 배양

식물에는 세포벽 즉, 셀룰로오스가 주성분인 단단한 막이 있어서 쉽게 세포를 융합할 수 없습니다. 마찬가지로 유전자 변형과 같은 조작도 하기 어려워요. 그래서 우선, 세포벽에 있는 셀룰로오스를 분해하는 효소인 셀룰라아제를 이용해 원형질막만 남은 상태인 '원형질체(protoplast)'로 만들어야 합니다. 원형질체는 돌연변이원의 영향을 받으면 쉽게 돌연변이를 일으키기 때문에 유전자 변형에 활용하기 편하고 세포 융합에도 사용할 수 있습니다. 원형질체 배양 기술은 주로 벼나 감자 품종 개량에 이용합니다.

-세포 융합

종이 다른 식물의 원형질체를 생성해서 전기 자극을 주면 두 종의 원형질체를 융합할 수 있습니다. 이 기술을 이용하면 다른 종 간의 잡종 세포를 만들 수 있고, 이 세포를 조직 배양 기술로 분화시켜 얻은 개체를 재배하면 일반적인 교배나 꽃밥 배양으로는 어려운 원연종 식물 간의 잡종을 만들 수 있습니다. 1978년, 당시 서독에서 이 세포 융합 기술을 실용화해 최초로 감자와 토마토를 융합한 '포마토'를 만들었습니다. 하지만 땅 위에서는 토마토가, 땅속에서는 감자가 열리는 포마토는 안타깝게도 상업 재배까지는 이르지 못했어요. 포마토 이후 일본에서도 오렌지와 탱자의 교배종인 '오레타치'와 추위에 강한 볏과 식물인 '피'의 성질을 벼에 첨가한 교배종 '히네'가 탄생했습니다.

-물질 생산

야생종 인삼과 같이 비싸고 희귀한 식물도 조직 배양 기술을 이용하면 대량으로 생산할 수 있습니다. 그 덕분에 인삼 추출물을 대량 생산해 저렴한 가격으로 팔 수 있게 되었습니다. 이른바 '식물 공장(plant factory)'이 등장한 것입니다.

식물이 생성하는 물질을 대량 배양으로 생산하는 방식을 물질 생산이라고 합니다. 여기에 유전자 변형 기술을 더하면 원래 식물이 생산하지 않았던 물질도 생산할 수 있으며, 생물이 만들던 화학 물질의 생산 효율을 높이는 쪽으로 개량할 수도 있습니다.

[그림 2-15] 전통 육종법

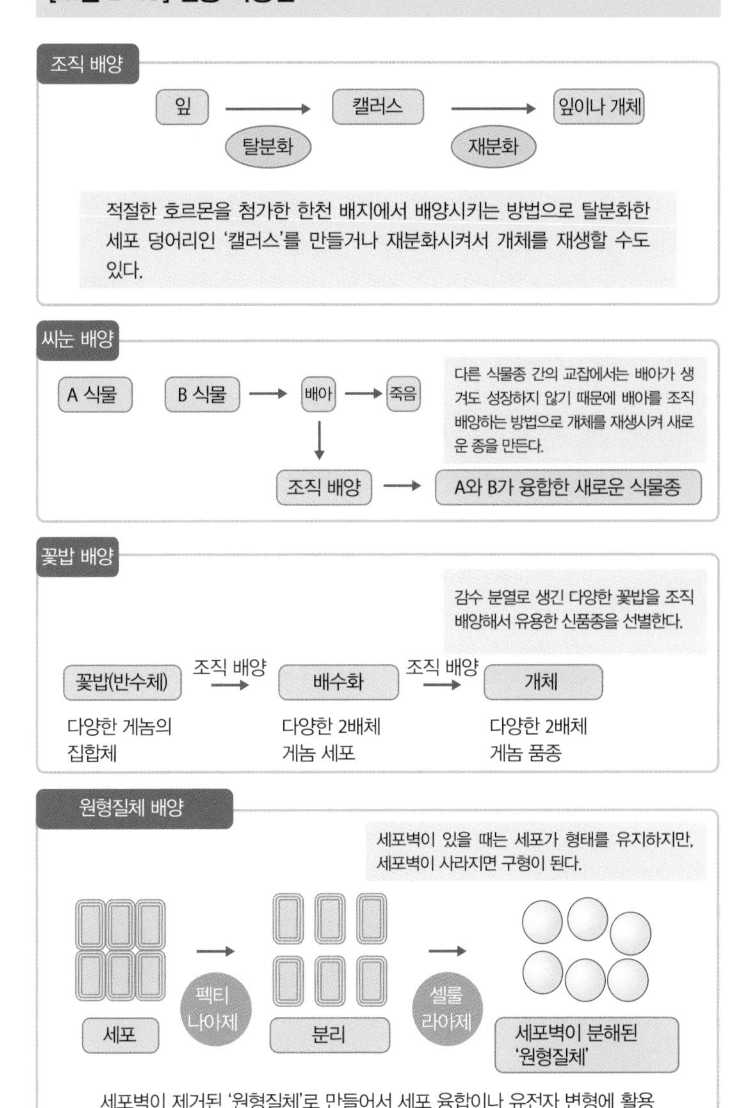
조직 배양
잎
탈분화
캘러스
재분화
잎이나 개체
적절한 호르몬을 첨가한 한천 배지에서 배양시키는 방법으로 탈분화한 세포 덩어리인 '캘러스'를 만들거나 재분화시켜서 개체를 재생할 수도 있다.
씨눈 배양
A 식물
B 식물
배아
죽음
다른 식물종 간의 교잡에서는 배아가 생겨도 성장하지 않기 때문에 배아를 조직 배양하는 방법으로 개체를 재생시켜 새로운 종을 만든다.
조직 배양
A와 B가 융합한 새로운 식물종
꽃밥 배양
감수 분열로 생긴 다양한 꽃밥을 조직 배양해서 유용한 신품종을 선별한다.
꽃밥(반수체)
조직 배양
배수화
조직 배양
개체
다양한 게놈의 집합체
다양한 2배체 게놈 세포
다양한 2배체 게놈 품종
원형질체 배양
세포벽이 있을 때는 세포가 형태를 유지하지만, 세포벽이 사라지면 구형이 된다.
세포
펙티나아제
분리
셀룰라아제
세포벽이 분해된 '원형질체'
세포벽이 제거된 '원형질체'로 만들어서 세포 융합이나 유전자 변형에 활용한다.

전통 채소

'전통 채소'라고 하면 어떤 이미지가 떠오르나요? 우리가 아는 채소 중 상당수는 유럽에서 만들어졌습니다. 유럽은 그리스 · 로마 시대부터 식물의 품종을 개량해 왔다고 합니다. 야생 갓인 서양 유채에 인위적인 교배 기술을 적용해서 만들어진 작물이 대표적이에요. 예를 들면 양배추, 방울양배추, 콜리플라워, 브로콜리, 오그라기양배추(사보이양배추), 적양배추, 꽃양배추, 콜라비, 케일 등이 있습니다.

참고로 야생 유채는 맛이 없어서 식용으로 쓰지는 않지만, 씨앗에서 식물성 기름을 추출하기 위해 재배합니다. 또한 중국과 일본에서도 유럽과는 다른 야생 유채를 이용해 많은 채소를 만들었어요. 순무, 배추, 노자와나, 소송채, 경수채, 갓 등이 여기에 해당하지요. 일본에서는 유채꽃을 나노하나라고 부르며 즐겨 먹는데, 들에서 자라는 노란 야생 유채꽃인 서양 유채와는 다른 채소랍니다.

한번 이렇게 상상해 봅시다. 브로콜리나 콜리플라워가 없어서 바이오의 힘을 빌려 양배추에서 이 두 품종을 개발했다고 가정하겠습니다. 게놈의 변형 부위를 철저히 조사해 만드는 방법과 유전자 구성까지 모든 정보를 공개하고 시장에 내놓았을 때, '안심과 안전'을 최우선의 가치로 여기는 사람은 브로콜리나 콜리플라워를 보고 무슨 생각을 할까요? 같은 종이라고는 해도 콜리플라워의 생김새는 꽤 독특합니다. 아무리 봐도 양배추로 만든 채소라는 생각은 들지 않지요. 어쩌면 이런 괴물 같은 식품을 팔면 안 된다고 반대할지도 모릅니다.

하지만 '유전자 변형' 식품 반대파이자 자연식이 최고라고 외치는 사람들도 이미 양배추, 양상추, 브로콜리, 콜리플라워와 같은 프랑켄슈타인 식품을 건강에 좋다며 열심히 먹고 있습니다.

[그림 2-16] 전통 육종법

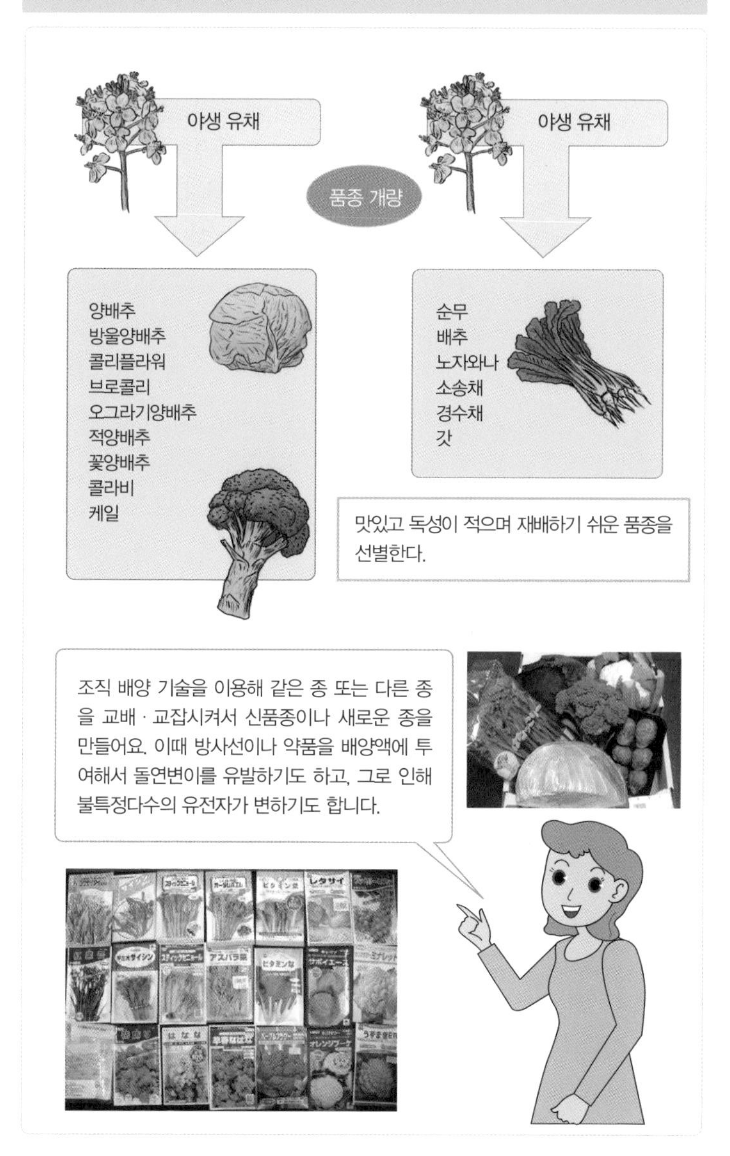
야생 유채
야생 유채
품종 개량
양배추
방울양배추
콜리플라워
브로콜리
오그라기양배추
적양배추
꽃양배추
콜라비
케일
순무
배추
노자와나
소송채
경수채
갓
맛있고 독성이 적으며 재배하기 쉬운 품종을 선별한다.
조직 배양 기술을 이용해 같은 종 또는 다른 종을 교배 · 교잡시켜서 신품종이나 새로운 종을 만들어요. 이때 방사선이나 약품을 배양액에 투여해서 돌연변이를 유발하기도 하고, 그로 인해 불특정다수의 유전자가 변하기도 합니다.

천연은 안전, 인공은 위험?

사람들은 일반적으로 천연물은 안전하지만, 인공 화학 물질은 위험하다고 생각합니다. 농약이나 식품 첨가물을 멀리하려 하지요. 하지만 일상적인 식생활을 통해 실제로 우리가 섭취하는 독소를 살펴보면 천연물에서 유래한 물질이 99.99퍼센트를 차지합니다. 움직일 수 없는 식물은 자신을 지키기 위해 모든 방법을 동원해 독성 화학 물질을 만들기 때문이지요.

사실 평소 우리가 주로 먹는 채소나 과일(식물)이 스스로 생성하는 천연 살충제의 독성은 잔류 농약을 기준으로 한 합성 살충제 독성의 약 1만 배에 달합니다. 평소 잔류 농약에 예민하게 반응하는 사람이 있는데, 사실 알고 보면 채소가 생성하는 천연 농약이 훨씬 종류도 다양하고, 농도도 진하며 독성도 강합니다. 물론 조리하면 농약의 양이 줄어들기 때문에 독성도 낮출 수 있지만, 샐러드로 먹으면 천연 농약을 그대로 먹는 셈입니다. 잔류 농약에 민감한 사람이라면 채소를 날것으로 먹는 일이 잔류 농약보다 훨씬 강한 독성 물질을 먹는 것이라는, 무서운 사실을 이해하리라 믿습니다.

참고로 인공 농약은 채소가 생성하는 천연 농약의 독성을 고려해서 독성을 낮춰 개발하고 허가받습니다. 실제로 우리가 많이 사용하는 제초제의 급성 독성은 식용 소금의 독성보다 낮아요. 그런데도 우리는 몇 그램의 소금은 아무렇지도 않게 섭취하면서 정밀한 기계로 측정해야만 검출할 수 있는 극소량의 잔류 농약은 두려워합니다. 잔류 농약에 대한 명백한 오해지요.

그렇다고 채소가 더 위험하니 먹지 말라는 이야기는 아닙니다. 채소는 인간에게 유용하고 필요한 '화학 물질'도 많이 포함하고 있어서 반드시 먹어야 하는 식품입니다. 다만 그 안에 인공 농약과 비교했을 때 훨씬 강한 천연 독성 물질이 들어 있다는 사실을 인식하고 농약을 올바르게 이해하자는 말입니다.

마찬가지로 유전자 변형 작물의 안전성을 생각할 때도 유전자 한 개를 도입하면 천연 농약이 가득한 채소가 어떻게 변하는지, 원래 가지고 있던 독성과 비교해서 얼마나 위험해졌는지 고려해야 합니다. 이것이 유전자 변형 작물의 위험을 평가하는 '실질적 동등성'이라는 개념의 시작이에요.

지금까지 한 설명을 이해하고도 채소를 생으로 먹을 용기가 있다면 유전자 변형 식품에 대한 평가도 객관적으로 내릴 수 있을 것입니다. 적어도 '안전이 완벽하게 증명되지 않는 한 유전자 변형 작물은 팔면 안 된다'라는 의견이 이치에 맞지 않는다는 사실을 받아들이고 유전자 변형 작물에 대한 논의를 시작할 수 있을 거예요.

사람이 암에 걸리는 원인 중 3분의 1은 담배고, 3분의 1은 식품에 포함된 천연 독성 물질입니다. 사람들이 일반적으로 암의 원인이라고 생각하는 인공 농약과 식품 첨가물이 암을 발생시킬 확률은 지극히 낮답니다. 따지고 보면 담배도 식물이니 식물 유래의 천연 독소, 천연 살충제로만 일본에서 매년 15~20만 명의 사람이 암에 걸려 사망한다는 말이 됩니다. 채소는 결코 '안전'한 식품이 아닙니다. 물론 채소만이 아니라 '안전'한 식품은 하나도 없다고 할 수 있어요. 유전자 변형 작물뿐만 아니라 애당초 식품에 완벽한 안전성을 요구하는 것 자체가 어려운 일이지요.

담배는 끊을 수 있고, 끊으면 위험 요소가 사라집니다. 하지만 채소를 먹지 않고 살 수는 없습니다. 채소가 가진 위험성을 가능한 한 줄이는 것이 가장 현명한 대처겠지요. 이처럼 새로운 식품의 위험을 생각할 때는, 현재 먹고 있는 일반적인 식품의 위험성과 비교해야 올바른 평가를 할 수 있습니다.

일본의 유전자 변형 작물 현황

우리는 이미 단편적인 의미의 유전자 변형 기술을 적용해 재배한 작물을 원료로 식품을 만들고, 판매하고 있습니다. 후생 노동성 안전성 심사 절차를 통과한 일본의 유전자 변형 작물은 2011년 6월 기준으로 7가지, 160개 품종이며 매년 늘어 2020년 5월 기준으로 8가지, 323품종이 되었습니다.* 해당 일곱 가지 작물은 감자, 콩, 사탕무, 옥수수, 카놀라(유채), 면화, 알팔파이며, 파파야를 심사하고 있답니다.**

콩을 예로 들어 자세히 살펴볼까요? 일본의 콩 자급률은 4퍼센트이며 70퍼센트 이상을 미국에서 수입합니다. 미국의 유전자 변형 콩의 재배 비율은 92퍼센트 이상(2008년 기준)이며 이 또한 매년 증가하고 있어요. 따라서 두부나 낫토와 같이 유전자 변형 식품 표시 의무가 부여된 식품을 전부 비유전자 변형 콩으로 만들고 싶어도 콩의 양이 턱없이 부족합니다. 일본에서 생산되는 콩을 전부 두부와 유부를 만드는 데에 쏟아부어도 만들 수 있는 양은 일본에서 매년 소비하는 양의 3분의 1 정도에 불과합니다.

대장균의 재조합 DNA 실험과 마찬가지로 식물에도 외래 유전자를 도입할 수 있습니다. 현재 일본에서 허가받은 유전자 변형 작물도 대부분 제초제와 해충에 내성을 지닌 유전자를 도입한 작물이에요. 이런 농작물의 재배 면적이 전 세계에서 매년 폭발적으로 늘고 있으며, 동시에 일본으로 들어오는 수입량도 계속 증가하고 있지요. 이런 흐름에 따라 일본도 유전자 변형 작물의 재배를 허가했지만, 2009년에 재배되기 시작한 푸른 장미를 제외하고 현재 상업적으로 재배되는 작물은 없습니다. 시험 재배만 하려고 해도 유전자 변형 작물을 반대하는 사람들이 불법 침입하거나 트랙터를 몰고 와 시설을 망가뜨리는 등 폭력적인 압박이 이어져 쉽지 않은 상황이에요.

---

* 역주 : 한국은 2022년 12월 기준으로 7가지, 187개 품종이 식약처의 허가를 받았다.

** 역주 : 2023년 현재 파파야도 심사를 통과했다.

[그림 2-17] 유전자 변형 작물의 현황

후생 노동성의 안전성 심사 절차를 통과한 유전자 변형 식품 (2011년 6월 13일 기준, 괄호 안은 2022년 12월 기준 한국 현황)			
감자	8품종 (4품종)	카놀라	18품종 (17품종)
콩	9품종 (29품종)	면화	24품종 (37품종)
사탕무	3품종 (1품종)		
옥수수	95품종 (94품종)	알팔파	3품종 (5품종)

일본의 카르타헤나법에 근거해 제1종 사용 규정이 승인된 유전자 변형 작물 (2010년 11월 1일 기준)			
재배, 식용, 사료용		**식용, 사료용**	
옥수수	42품종	면화	15품종
알팔파	3품종	옥수수	2품종
카놀라	8품종	콩	3품종
콩	4품종	카놀라	2품종
사탕무	1품종		
재배, 관상용			
카네이션	6품종		
장미	2품종		

JAS법(일본 농림규격 등에 관한 법률) 및 식품위생법에 근거해 표시 의무가 있는 유전자 변형 작물				
콩	옥수수	카놀라	감자	면화
알팔파	사탕무			

한편 세포에 유전자를 도입할 때는 주로 '아그로박테리움법'이나 '유전자총법(particle gun)'을 이용합니다. 유전자총법은 목적 유전자를 포함한 DNA를 총알에 응집시켜 세포 안에 쏘아 넣는, 조금은 난폭한 방법이에요.

아그로박테리움법 – 주로 사용하는 유전자 도입법

아그로박테리움법은 대장균을 사용한 유전자 재조합(변형) 기술과 마찬가지로 자연계에서 일어나는 유전자 변형을 인공적으로 일으킨 다음, 인간이 개입해서 완성한 유전자 도입 방법입니다.

토양 세균의 일종인 '아그로박테리움(Agrobacterium tumefaciens)'은 지표면 가까이에 있는 장미나 사과, 복숭아의 줄기에 혹을 만듭니다. 이 혹을 근두암종(crown gall)이라고 하는데, 쉽게 말하면 식물에 생기는 암이에요. 이 세균은 게놈 DNA 외에 'Ti 플라스미드'라는 고리 형태의 DNA를 가지고 있고, 이 플라스미드 안에 'T-DNA'라는 DNA 영역이 존재합니다. 아그로박테리움은 식물에 들어가면 T-DNA 영역을 스스로 잘라내고 숙주 식물의 핵 DNA 속으로 파고드는 성질이 있습니다. T-DNA에는 세포 분화를 촉진하는 식물 호르몬 생성 유전자가 들어 있고, 이 유전자가 숙주 식물에 혹을 만듭니다.

T-DNA에는 그밖에 다른 유전자도 들어 있습니다. 그 유전자들 대신 작물에 도입하고 싶은 유전자를 삽입한 아그로박테리움을 작물에 감염시키면 목적 유전자를 도입시킬 수 있습니다. 1984년, 이 방법을 통해 처음으로 유전자 변형 작물이 탄생했고, 다음 해인 1985년에 제초제 내성을 가진 식물이 개발되었습니다. 현재 허가받은 유전자 변형 작물에 도입된 유전자는 대부분 해충 저항성이나 제초제 내성을 부여하는 유전자이므로 해당 기능을 가진 두 종류의 유전자 변형 작물을 중심으로 살펴볼 것입니다.

해충 저항성	특정 해충에 대한 살충 기능을 가진 작물 현재는 모두 Bt단백질 유전자를 이용한다.
제초제 내성	특정 농약의 효과를 제거하는 성질을 가진 작물

[그림 2-18] 아그로박테리움법을 통한 유전자 도입

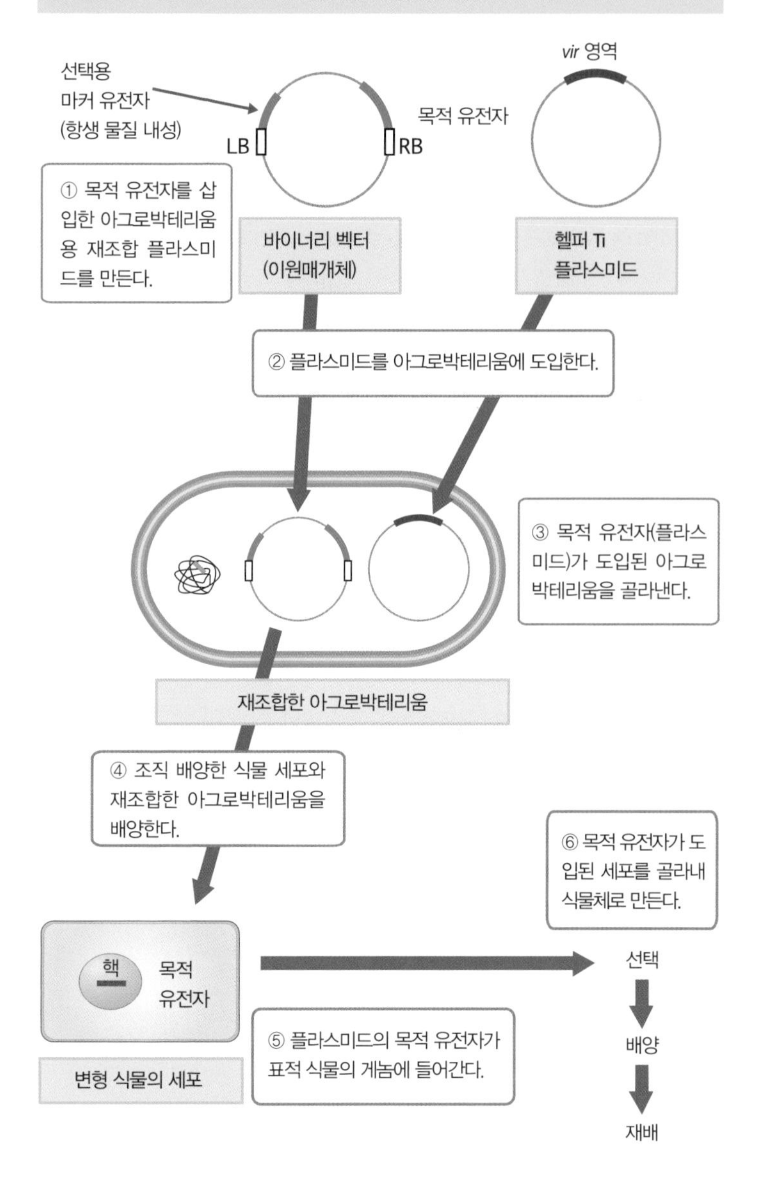

해충 저항성 유전자 변형 작물

해충 저항성 품종에 삽입하는 유전자는 오래전부터 바이오 농약으로 사용되었던 'Bt 독소' 유전자입니다. Bt 독소는 토양 세균인 '바실러스 튜링겐시스(Bacillus thuringiensis)'가 만드는데, 나방이나 나비와 같은 나비목 곤충의 유충이 이 독소를 섭취하면 장 점막이 파괴되어 영양분을 흡수하지 못하고 결국 죽습니다.

기본적으로 단백질 농약이기 때문에 살포해도 쉽게 씻겨 나가는 단점이 있습니다. 예를 들어 옥수수의 주요 해충인 '조명나방'의 유충은 옥수수 줄기 속으로 파고들어 줄기를 파먹어 부러뜨립니다. 그 때문에 Bt 독소를 뿌려도 효과가 없지요.

이때 누군가 '작물 자체가 Bt 독소를 생성하면 그 작물을 먹은 곤충이 죽지 않을까'라는 아이디어를 떠올렸고, Bt 독소 유전자를 작물에 집어넣으려는 시도가 시작되었습니다. 그 결과 Bt 독소 유전자를 도입한 옥수수와 콩 품종이 탄생했습니다.

Bt 독소는 50년 가까이 사용되었고, 그 안전성에 대한 조사도 다양하게 이루어졌습니다. 산성에 약한 Bt 독소 단백질은 알칼리성인 곤충의 위에서는 소화되지 않고 장까지 도달합니다. 하지만 사람은 강한 위산 덕분에 Bt 독소를 섭취해도 위에서 다른 식품 단백질들과 함께 쉽게 분해됩니다. 만약 위를 절제한 사람이라면 섭취한 단백질이 장에 도달하겠지만, 그래도 걱정할 필요는 없습니다. Bt 독소는 특정 단백질(Bt 단백질 수용체)과 결합해야만 힘을 발휘하기 때문입니다. 해당 단백질을 가진 곤충의 장에서는 두 물질이 결합해 세포를 파괴하고 소화 불량을 일으켜 개체를 죽이지만, 해당 단백질이 없는 사람의 장에서는 Bt 독소도 다른 식품의 단백질과 마찬가지로 분해되어 배설됩니다.

[그림 2-19] 해충 저항성 유전자(Bt 유전자) 변형 작물

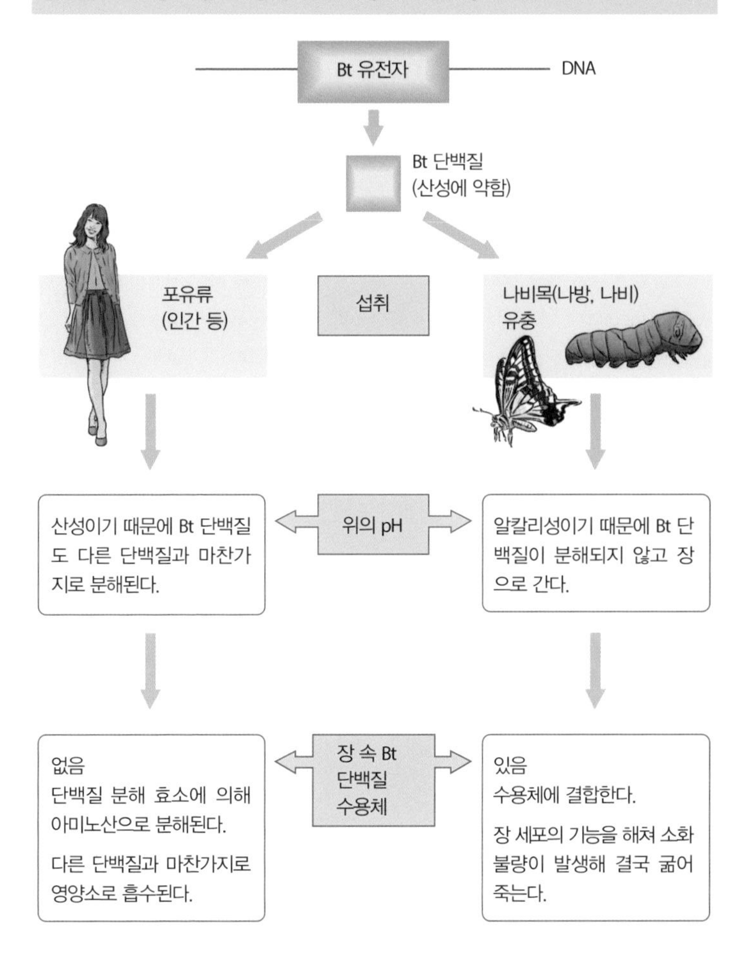

Bt 단백질은 인간과 곤충의 몸속에서 근본적으로 다른 반응을 일으킨다.

Bt 단백질은 동물을 대상으로 한 경구 투입 실험을 통해 안전성 시험을 마치고 바이오 농약으로 오랫동안 사용되었다.

제초제 내성 유전자 변형 작물

'라운드업'이라는 상품명으로 알려진 '글리포세이트(glyphosate)'라는 제초제가 있습니다. 제초제 내성 유전자 변형 작물은 이 제초제의 효과를 제거하는 유전자를 식물에 도입해 탄생시킨 작물입니다. 이때 도입하는 유전자는 특정 '방향족 아미노산'을 합성할 때 필요한 효소 반응을 막는 '저해제'에 대항합니다. 방향족 아미노산은 사람의 필수 아미노산으로 사람의 몸 안에서는 생합성되지 않지만, 식물은 모든 아미노산을 생합성 합니다. 따라서 사람을 포함한 동물은 해당 저해제가 노리는 대사 경로가 없어 이 저해제의 영향을 받지 않습니다. 하지만 반드시 방향족 아미노산을 합성하는 경로가 필요한 식물은 글리포세이트의 영향을 받아 말라 죽지요.

글리포세이트는 일반적인 농약과 달리 식물의 종류를 가리지 않고 모든 잡초를 방제하는 비선택성 제초제입니다. 따라서 이 제초제를 뿌리면 작물도 같이 말라죽기 때문에 반드시 작물을 수확한 후에 사용해야 합니다.

밭에 글리포세이트를 뿌리면 해당 제초제의 영향을 받지 않는 유전자를 도입한 식물만 살아남고 다른 잡초는 모두 말라 죽습니다. 그래서 글리포세이트를 두고 '강력'한 농약이라고 생각하지만, 사실 비선택성을 가졌기 때문일 뿐 급성 독성은 소금보다 약합니다.

그 밖에도 유용한 물질을 생산하기 위해 만들어진 유전자 변형 작물들이 있습니다. 예를 들면 먹는 백신, 부족한 비타민을 보충해 주는 황금 쌀, 당뇨에 효과가 있다는 당뇨 쌀, 꽃가루 알레르기를 완화해 주는 쌀, 의약품인 인슐린, 헤모글로빈, 사람의 혈청 알부민, C형 간염 백신 등을 만드는 채소의 연구가 진행되고 있지요. 그뿐만 아니라 재배할 때 받는 환경적인 스트레스에 강한 작물이나 환경 속 유해 물질을 정화하는 식물도 개발 중입니다.

[그림 2-20] 제초제 내성 유전자 재조합 작물의 성과

독립행정법인 농업생산자원연구소의 격리 농원에 설치된 전시 농원 (사진: 아시다)

몬산토사의 제초제 내성 콩 재배 실험

제초하지 않은 경우: 잡초에 콩이 파묻힌다.

일반적인 제초 작업을 한 경우: 여러 제초제를 사용한다.

유전자 변형 콩과 라운드업만 사용한 경우:
잡초가 전혀 자라지 않는다. 눈으로 보기에는 보통 콩과 똑같다.

유전자 변형 식품 제조 과정의 문제점

물론 아그로박테리움법에도 문제는 있습니다. 유전자를 도입할 때 원하는 유전자 외에 '항생 물질 내성 유전자'라는 DNA 영역이 함께 도입된다는 점입니다. 이 유전자가 생성하는 산물은 특정 항생 물질의 기능을 없앱니다. 그래서 항생 물질 내성 유전자는 원하는 유전자가 작물에 잘 삽입되었는지 확인하기 위해 사용합니다.

유전자의 운반체인 벡터에는 원하는 유전자와 항생 물질 내성 유전자가 들어 있고, 이 벡터를 이용해 유전자를 도입하면 두 유전자를 원하는 식품 게놈에 삽입할 수 있습니다. 그다음 내성을 가진 항생 물질을 첨가한 배지에서 배양하면 유전자가 잘 도입된 세포는 살아남지만, 도입에 실패한 세포는 살아남지 못합니다. 이렇게 단순한 원리를 통해 유전자가 성공적으로 도입된 세포를 효율적으로 골라낼 수 있습니다.

그런데 이때 사용하는 항생 물질 내성 유전자가 문제라고 주장하는 사람들이 있습니다. 해당 유전자 조작 식품을 먹으면 항생 물질 내성 유전자와 그 산물도 먹게 되니 장내 세균이 항생제 내성을 갖게 될지 모른다며 걱정하지요.

하지만 식물에 삽입된 항생 물질 내성 유전자가 인간의 체내 세균으로 옮겨갈 가능성은 전혀 없습니다. 혹시라도 그런 일이 가능하다면 유전자 변형 식품만이 아니라 다른 식품 안에 있는 유전자도 장내 세균에 도입될 수 있다는 의미가 됩니다. 다시 말해 종을 초월한 역동적인 유전자 변형이 자연적으로 일어난다는 뜻이 됩니다. 그런 걱정을 할 필요는 없지만 그래도 항생 물질 내성 유전자를 지적하는 사람들의 의견을 반영해, 요즘은 항생 물질 내성 유전자를 이용한 선별 방법 대신 다른 방법을 이용합니다.

[그림 2-21] 유전자 변형 작물 생성 과정의 문제점

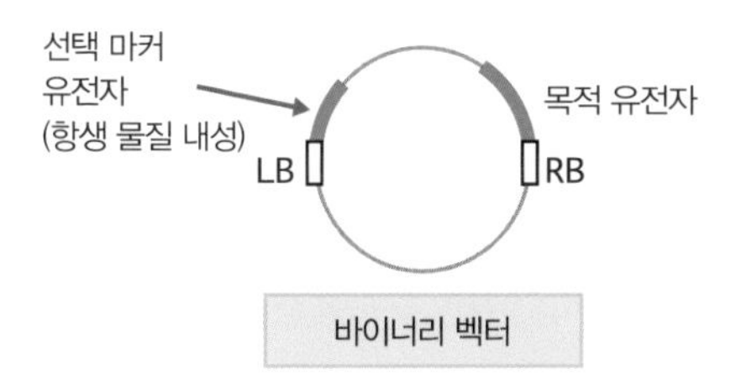

삽입하려는 유전자 외에 항생 물질 내성을 가진 '선택 마커 유전자'도 식물 세포 게놈에 함께 도입되기 때문에 해당 유전자 변형 작물은 항생 물질 내성에 관련된 단백질도 동시에 합성한다.
하지만 최근에는 항생 물질 내성 유전자 문제를 지적하는 사람들이 있어 다른 마커 유전자를 이용하거나 마커 유전자를 사용하지 않는 방법을 이용한다.

[그림 2-22] 유전자 변형 식품 반대파의 걱정

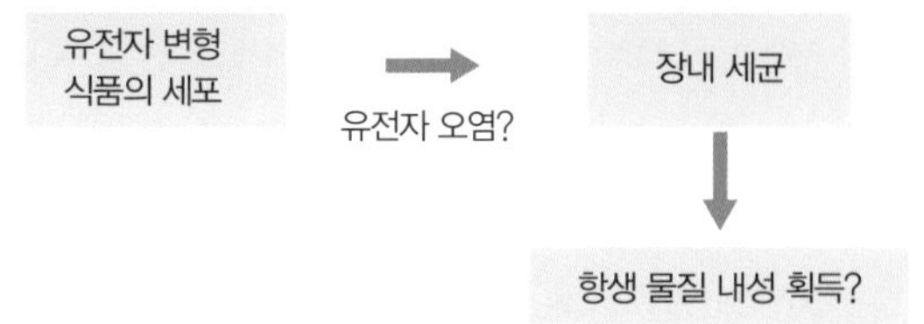

유전자 변형 작물을 먹으면 장내 세균으로 유전자가 이동하기 때문에 장내 세균이 항생 물질에 대한 내성을 가질 수 있다고 우려하는 사람들이 있다. 하지만 일반적으로 섭취한 식품의 DNA나 단백질은 체내에서 분해되고, 식품 세포와 세균이 세포 융합을 하거나 유전자가 세균 세포로 이동하는 일은 애초에 불가능하므로 그런 일은 일어날 수 없다.

유전자 변형 식품의 표시 제도

한국이든 일본이든 식품위생법에 따라 유전자 변형 식품에는 반드시 '유전자 변형 식품'이라는 사실을 표시해야 합니다. 현재 일본에서 판매 허가를 받은 유전자 변형 작물에는 콩, 옥수수, 감자, 카놀라, 면화, 알팔파, 사탕무, 파파야가 있고, 이 작물들을 사용한 식품이나 가공물에는 반드시 이 사실을 표시해야 합니다. 알팔파는 2005년 10월부터, 사탕무는 2006년 9월부터 시행하고 있어요.

다만 표시 의무는 해당 식품 안에 원료 식물 유래의 DNA나 단백질이 남아있는 품목으로 제한합니다. 유전자 변형 작물의 사용 여부를 판정할 때는 PCR을 이용하기 때문에 DNA 감정을 하려면 반드시 시료로 쓸 DNA가 필요해요. 따라서 식물에서 추출한 기름처럼 식품 안에 DNA가 들어 있지 않다면, DNA 감정을 할 수 없어 검사 자체를 할 수가 없습니다. 따라서 식물성 기름처럼 DNA가 남지 않는 가공식품에는 표시 의무가 없어요.

또한 유통 과정에서 의도치 않게 유전자 변형 작물이 섞여 들어가는 일이 발생할 수도 있고, 이를 구별하지 않고 유통하는 일도 있을 수 있습니다. 그래서 혼입률이 5퍼센트(한국은 0.9퍼센트) 이상이면 '유전자 변형 식품' 또는 '유전자 변형 식품 포함 가능성 있음'이라 표시해야 합니다. 혼입률이 5퍼센트 미만이면 표시하지 않아도 되고 반대로 '비유전자 변형 식품'이라고 표시할 수도 있어요. '비유전자 변형 식품'이라는 표시가 있어도 5퍼센트까지는 유전자 변형 작물이 포함되어 있을 수 있다는 말입니다. 참고로 유전자 재조합 표시 의무가 부여된 여덟 가지 작물 외에 다른 작물은 '비유전자 변형 식품'이라는 표시를 할 수 없습니다.

유전자 변형 식품 포함 가능성과 과대광고

일본에서 처음 유전자 변형 식품 표시 제도가 시행되었을 때는 '유전자 변형 식품'이라고 표시한 과자가 팔리기도 했지만, 지금은 거의 찾아볼 수 없습니다. '유전자 변형 식품 포함 가능성 있음'이라는 표시가 있는 식품도 그리 많지 않아요.

하지만 생산이나 유통 과정에서 유전자 변형 작물과 비유전자 변형 작물이 완벽하게 구분되지 않는 원료를 사용하거나, 그 원료 자체와 그 원료에서 유래한 DNA나 단백질이 남아있는 가공식품을 판매할 때는 반드시 '유전자 변형 식품 포함 가능성 있음'이라고 표시해야 합니다.

샐러드유나 마가린과 같은 식물성 기름의 원료인 카놀라, 콩, 옥수수는 모두 일본 내 자급률이 낮고, 세계적으로 보면 유전자 변형 품종의 재배 면적이 해마다 늘고 있는 작물입니다. 일본산 콩은 콩기름을 만들 만큼 많지 않고 수입품은 대부분 유전자 변형 작물입니다. 따라서 식물성 기름과 같은 가공품을 국내산 원료나 비유전자 변형 작물로 만들기는 사실상 어렵습니다.

하지만 식물성 기름 안에는 원료의 DNA나 단백질이 남지 않기 때문에 설령 100퍼센트 유전자 변형 작물을 원료로 사용했다고 해도 유전자 변형 작물의 사용 여부를 표시할 의무는 없습니다. 사정이 이렇다 보니 식용유의 원료로 사용하는 카놀라나 콩은 대부분 유전자 변형 작물이겠지만, '유전자 변형 식품'이라고 표시한 대기업의 식용유 제품은 하나도 없어요.

이런 가운데 일본 생활협동조합 연합회(생협)가 제공하는 오리지널 브랜드와 일본의 대형 유통 기업 '이온(AEON) 그룹'의 독자 브랜드 '톱 밸류(Top Value)'가 식품위생법과는 별도로 '유전자 변형 식품'을 표시할 상품을 선별하고, 의무가 아님에도 '유전자 변형 식품 포함 가능성 있음'이라고 표시한 상품을 판매하고 있습니다.

실제 어떤 상품을 판매하고 있는지 직접 매장을 조사해 보니 샐러드유와 조미료, 마가린, 과자, 청량음료, 영양제 등 매우 다양한 제품에 '유전자 변형 식품 포함 가능성 있음'이라는 표시가 있었습니다. 이런 식품의 원재료 구성은 대부분 식물성 유지와 간장 등이었어요.

한편 의무가 아님에도 '비유전자 변형 식품'이라는 표시를 가축의 사료까지 확대 적용해서 표시한 상품도 있습니다. 다만 원재료 표시 영역이 아니라 법에 저촉되지 않는 위치에 표시하고 있어요. 일반적으로 거짓이 아니라면 원재료 표시 영역 이외에 상품 포장이나 신문 광고지, 인터넷 사이트에는 '비유전자 변형 식품'이라고 표시해도 문제가 되지는 않습니다.

현재 일본은 소나 닭과 같은 가축의 사료를 대부분 수입에 의존하고 있습니다. 사료로 쓰이는 옥수수나 콩은 대부분 미국에서 수입하며 유전자 변형 품종이 많아요. 이런 상황에서 다른 상품과의 차별성을 강조하기 위해 가축에게 유전자 변형 작물 사료를 먹이지 않았다는 사실을 표시한 달걀과 우유, 소고기가 등장했습니다. 심지어 해당 달걀을 원료로 만든 과자나 마요네즈, 어묵, 그리고 해당 우유를 원료로 만든 요구르트에 '비유전자 변형 식품'이라는 표시를 한 제품도 있지요.

가축의 사료도 사람이 먹는 작물과 마찬가지로 안전성 심사 시스템이 있어서 해당 심사를 통과하지 않으면 가축에게 유전자 변형 작물을 먹일 수 없습니다. 인간은 그 작물을 가축이 먹고 소화시켜서 흡수한 다음에야 먹겠지요? 따라서 이런 표시는 별 의미 없는 '과대광고'일 뿐입니다.

[그림 2-23] 유전자 변형 사료를 사용하지 않았다고 표시한 우유와 달걀

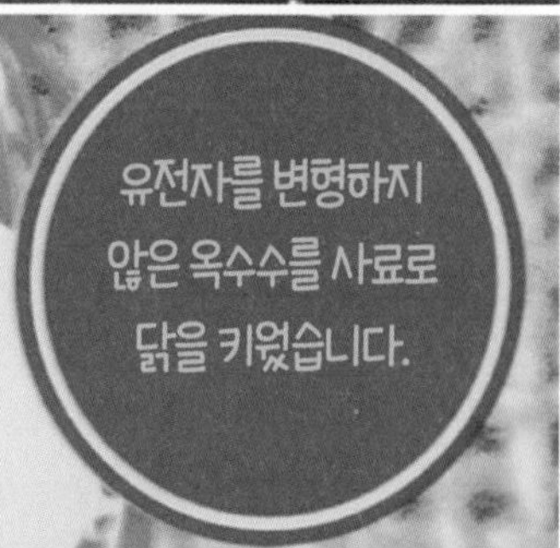

가축의 사료로 유전자 변형 작물을 사용하지 않았다는 표시를 한 달걀과 우유, 소고기가 나올 정도로 '유전자 변형 작물'에 대한 거부감이 크다.

게놈과 유전자의 차이
– 고전 기술과 유전자 재조합 기술의 차이

이번에는 게놈과 유전자를 중심으로 기존의 품종 개량 기술과 유전자 재조합(변형) 기술의 차이를 다양한 각도에서 생각해 봅시다. 유전자 재조합 기술은 교배나 교잡 또는 고전적인 품종 개량 기술과는 근본적으로 다릅니다. 게놈과 유전자의 차이를 이해하면 그 차이를 쉽게 알 수 있어요.

유전자는 특정 단백질을 합성하기 위한 DNA의 일부 영역에 불과합니다. 특정 유전자 한 개가 생물을 만들 수도 없고 당연히 유전자는 살아있는 생물도 아닙니다. 하지만 게놈과 유전자를 혼동해 유전자라는 용어를 게놈과 똑같은 의미로 쓸 때가 많습니다. 쉽게 말해 유전자가 생물을 만드는 정보라고 착각하는 것이지요. 이런 오해 때문에 '유전자' 재조합(변형) 기술은 당연히 말도 안 되는 기술로 취급받습니다.

종의 구분을 넘나드는 조작은 당치도 않은 일이라거나 유전자를 건드리는 행위는 신에 대한 모독이라고 여기기도 합니다. 아무리 생각해도 이런 오해는 게놈과 유전자의 혼동에서 시작된 듯합니다. 많은 사람이 자연에 존재하는 물질은 안전하고, 인위적으로 가공한 물질은 위험하다고 생각합니다. 하지만 우리가 지금까지 먹어 온 채소나 과일 중 이미 자연 그대로인 것은 하나도 없습니다. 모두 사람의 손안에서 탄생한 생물종이지 자연 상태에서 생길 수 있는 생물종이 아니라는 말입니다. 즉 인공적인 작물이지요. 자연적이지 않은 성장 환경을 만들어 재배한 덕분에 자연 상태에서는 일어나기 힘든 교잡 상황이 우연히 발생했을 뿐이에요. 그런데도 어째서인지 품종 개량은 자연적이고 유전자 변형 작물은 자연적이지 않다는 오해가 뿌리 깊게 박혀있습니다.

[그림 2-24] 전통 육종과 유전자 재조합 기술의 차이

전통 육종 – 교잡 · 교배		유전자 재조합(변형) 기술
전체적으로 게놈의 재조합이 일어나 완전히 새로운 게놈을 가진 생물이 탄생한다.	개요	한 개 또는 여러 개의 유전자가 교환될 뿐 그 외 원래 게놈의 구성은 변하지 않는다.
방사선과 약물로 돌연변이를 유발하거나 다른 종 간의 교잡 또는 세포 융합을 사용하기도 한다.	방법	기존 유전자에 특정 기능을 가진 유전자가 삽입 또는 결실되어 만들어진다.
결과적으로 변이한 유전자의 수와 종류는 알 수 없다. 돌연변이는 무작위로 발생하기 때문에 제어할 수 없다.	결과	재조합된 유전자를 알 수 있고, 게놈에 삽입할 위치를 조절할 수도 있다.
일반적으로 교잡할 수 없는 종도 서로 융합해 새로운 종을 만들 수 있다. 즉 종의 구분을 초월해 교잡시켜 새로운 종을 탄생시킨다. 새로 탄생한 종의 게놈은 부모 게놈이 모자이크화 된 상태이므로 어떤 유전자가 남았는지 알 수 없다.	종의 구분	종에 상관없이 삽입할 수는 있지만 일반적으로는 '게놈'에 '유전자 한 개'를 더하거나 '유전자 한 개'를 빼서 재조합하기 때문에 새로운 종이 태어나지 않는다.
불문에 가깝다. 안전성 심사 없이 개발하고 재배, 판매까지 할 수 있다. 매년 새로운 품종이 개발되고 판매되지만, 그다지 관심이 없다.	안전성 검사	매우 엄격한 안전성 검사를 거친다. 전 세계가 엄격한 기준을 두고 감시한다.

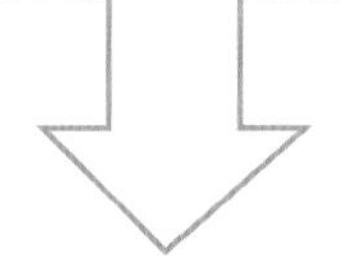

'무차별 다수' 유전자 재조합

'게놈' 재조합

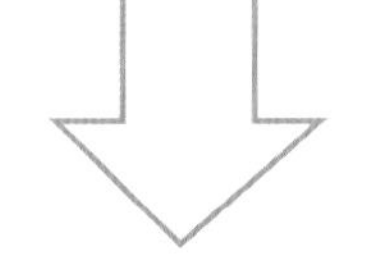

'특이적 단일' 유전자 재조합

유전자 변형 식품은 종의 경계를 초월할 수 있을까?

실제로 종 간의 경계를 초월한 생물은 유전자 변형 작물일까요, 아니면 전통 육종으로 탄생한 작물일까요? 먼저 전통 육종으로 탄생한 작물부터 생각해 보도록 합시다.

전통 육종에서는 종이 다르더라도 근연종이면 잡종 1세대를 탄생시킬 수 있습니다. 또한 세포 융합 기술을 적용하면 원연종이어도 잡종을 만들 수 있지요. 다만 씨앗이 생기지 않는 불임이 되기 때문에 재배할 때는 조직 배양 기술을 사용해야 합니다. 이렇게 다른 종 간의 교잡으로 태어난 종은 당연히 지금까지 존재하지 않던 새로운 생물종입니다. 종 간의 경계를 완벽하게 초월한 셈이지요. 게다가 새로 생긴 종은 부모의 어느 유전자를 물려받았는지, 어떤 변이를 일으켰는지 전혀 알 수 없습니다.

새로운 종의 유전 정보는 해당 종의 게놈을 통째로 해석해야만 알 수 있습니다. 흔히 유전자 변형 작물을 두고 프랑켄슈타인 식품이라고들 하지만, 이 말은 전통 작물에 더 어울립니다. 육종 기술로 만들어진 작물은 세상에 널리 퍼져있고 반대하는 사람들도 많지 않습니다. 엄격한 안전성 검사도 실행하지 않을뿐더러 의무도 아닙니다. 그야말로 방목 상태나 다름없어요.

반면 유전자 변형 작물은 유전자 수준에서만 종의 경계를 넘었을 뿐입니다. 종의 경계를 초월해서 다른 종의 유전자를 특정 생물에 도입할 수 있습니다. 이때 도입된 유전자는 새로운 단백질을 합성하지만, 전체 게놈에는 큰 변화가 생기지 않기 때문에 종이 달라졌다고 볼 수 없습니다. 예를 들면 콩에 세균 유전자 한 개를 집어넣었다고 해서 콩이 세균의 성질을 띠지는 않습니다. 또한 옥수수에 땅콩 유전자 한 개를 넣었다고 해서 옥수수를 먹고 땅콩 알레르기를 일으키지도 않아요. 하지만 전통 육종 기술로 토마토와 감자를 융합하면 양쪽의 성질을 모두 지닌, 완전히 새로운 생물종이 탄생합니다.

[그림 2-25] 유전자 변형 식품은 종의 구분을 뛰어넘을 수 있을까?

기존의 품종 개량

'게놈' 재조합

양배추와 케일에서 탄생한 '쁘띠 베르(petit vert)'

아스코, 나노하나(유채), 하낫코리

브로콜리 + 채심

브로콜리 + 비타민채

브로콜리와 콜리플라워에서 탄생한 로마네스코

'가리브로(상품명)' '야리가야균(상품명)'

기타: 3색 콜리플라워

각기 다른 게놈을 가진 종 사이에서 완전히 새로운 게놈을 가진 종이나 품종이 만들어진다.

유전자 재조합 기술

'특이적 단일' 유전자의 재조합

장미 게놈에 팬지의 파란색 유전자를 집어넣어도 변형된 장미는 꽃의 색만 바뀔 뿐 여전히 장미다.

대두나 옥수수에 세균 게놈을 집어넣어도 종은 바뀌지 않는다.

도입하는 유전자 수준에서만 종의 경계를 초월할 뿐 새로운 종은 탄생하지 않는다.

유전자 조작은 신에 대한 모독일까?

인간은 유사 이래 지금까지 끊임없이 게놈 조작을 해 왔습니다. 채소와 과일 같은 식물뿐만 아니라 가축이나 반려동물도 개량을 거듭해 새로운 종이나 신품종을 탄생시켰지요. 만약 유전자 조작이 신에 대한 모독이고, 이런 행위로 만들어진 작물은 인정할 수 없다고 한다면 현재 우리가 먹는 곡물과 채소, 과일뿐만이 아니라 가축과 반려동물까지 많은 동식물을 부정해야 합니다.

지금까지 우리가 먹던 식품을 먹을 수 없고, 새로 개발할 수도 없다면 식량 확보는 사냥과 채집, 낚시에 의존해야 한다는 말이고, 결국 인류는 원시 사회로 돌아갈 수밖에 없겠지요. 만약 여러분 이런 사회를 이상적이고 지향해야 할 사회라고 생각한다면 상관없지만, 과연 그럴 수 있을까요?

유전자 재조합은 특정 유전자를 삽입하거나 삭제할 뿐입니다. 완성된 게놈에는 고작 유전자 한 개가 늘었거나 줄었을 뿐이에요. 전체 게놈은 크게 달라지지 않고 무엇보다 어떤 변화가 일어났는지 명확하게 알 수 있습니다.

한편 전통 육종으로 작물을 만들 때는 단순 교배만 하는 것이 아니라 돌연변이를 유발하기도 합니다. 이때 돌연변이를 일으키는 돌이변이원으로 방사선이나 다양한 화학 물질을 사용합니다. 하지만 방사선이든 화학 물질이든 원하는 유전자 한 곳에만 변이를 일으킬 수는 없습니다. 변이는 무작위로 발생하기 때문에 어떤 변이가 일어났는지조차 확인할 수 없으니 방대한 선별 조사를 거쳐 우연히 만들어진 유용한 변이체를 찾아내는 수밖에 없어요. 이런 방식으로 탄생한 신품종이나 새로운 종에는 여러 가지 변이가 얽혀 있으며 정작 어디에서 변이가 일어났는지 찾는 일도 매우 어렵습니다.

[그림 2-26] 유전자 조작은 신에 대한 모독일까?

다음 사례는 전부 사람이 유전자에 개입해서 만들어낸 인공물이다. '신에 대한 모독' 수준이 가장 심한 것 무엇일까?

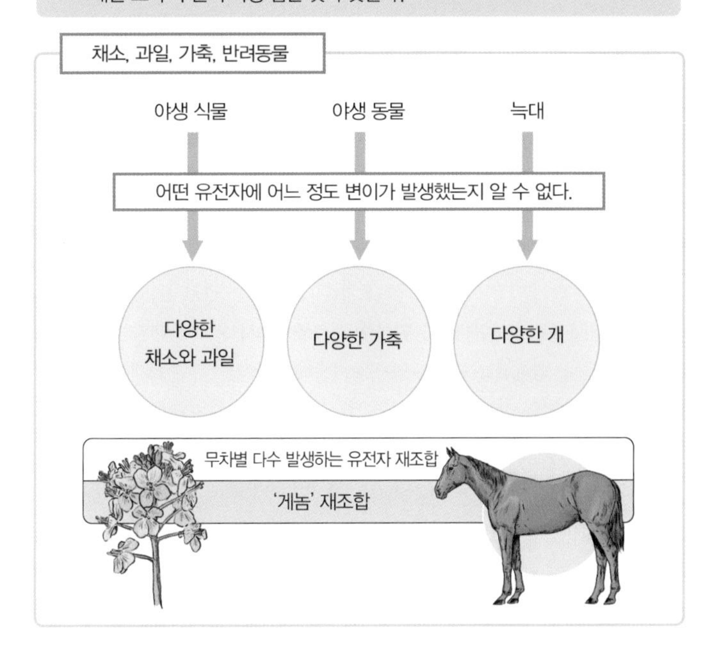

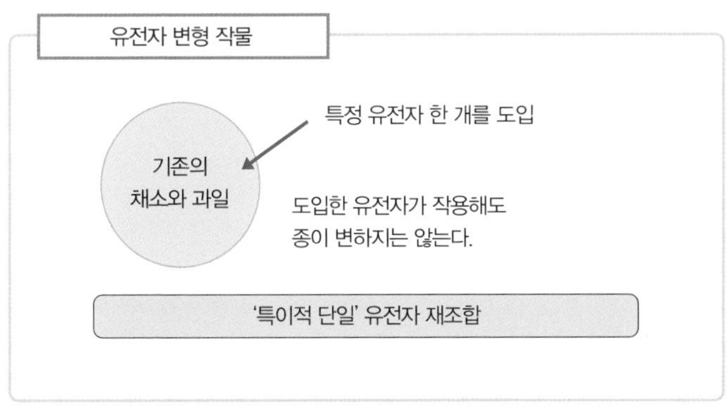

게놈과 유전자 VS 야구

인간의 게놈에는 2만 개 이상의 유전자가 있습니다. 먼저 인간 게놈과 유전자의 관계를 정확히 이해하면 우리가 먹는 식품(유전자 변형 식품)의 안전도 이해할 수 있을 거예요. 그래서 이번에는 2만 개가 넘는 유전자의 규모를 시각적으로 이해할 수 있도록 야구를 예로 게놈과 유전자를 설명하려고 합니다.

우선 관객으로 가득 찬 경기장을 떠올려 보세요. 관객과 선수, 심판을 각각의 유전자라고 하고 야구장 전체를 게놈, 시합을 할 수 있는 상태일 때를 생물 성장에 적합한 때라고 합시다. 알다시피 유전자 재조합 기술은 한 개의 유전자를 삽입하거나 기능을 없애는 기술입니다. 다시 말해 야구장 안에 있는 관객이나 선수 중 누군가 한 명이 '지정석'에 들어오거나 나가는 일이라고 볼 수 있어요. 누군가 들어왔을 때 그 사람이 일본인이 아니라 외국에서 온 사람일 수는 있지만, 누구든 시합을 방해하는 사람은 입장을 허용하지 않지요. 즉 진화적 측면에서 멀리 떨어진 생물이라도 유전자를 삽입할 수는 있지만, 게놈에 악영향을 미쳐 성장을 방해하는 유전자는 사용할 수 없습니다.

반대로 누군가 지정석에서 나갔을 때를 생각해 보세요. 만약 그 사람이 게임에 참가한 선수나 심판이라면 게임 진행에 지장이 생기겠지요? 따라서 아무나 나갈 수는 없습니다. 유전자 재조합 기술에서도 특정 유전자 한 개를 삭제해서 기능을 없앤 품종을 만들 수는 있지만 생성된 생물의 성장 자체에 영향을 미치는 유전자는 삭제할 수 없어요. 이처럼 대형 야구장(게놈)에 있는 수많은 관객과 선수(유전자) 중 단 한 명이 들어오고 나가는 현상이 바로, 유전자 재조합(변형) 기술입니다.

야구에서는 매년 구단끼리 선수를 교환하는 트레이드나 프리 에이전트(FA) 선수의 구단 이동, 드래프트 회의를 통한 선수 지명 선발을 통해 일부 선수들이 교체됩니다. 예를 들어 팀 내 장타력을 보강하고 싶다면 홈런을 잘 치는 선수를 영입합니다. 그런 면에서 보면 드래프트 회의나 다른 구단과의 트레이드는 유전자 재조합과 매우 비슷한 점이 있습니다. 선수 몇 명이 바뀌었다고 해도 구단 전체가 변하지 않아요. 마찬가지로 세균이 가진 제초제 내

[그림 2-27] 게놈과 유전자 VS 야구 ①

3만 5000명의 관객과 선수, 심판은 '유전자'

게놈에는 수만 개의 유전자가 들어 있다. 게놈의 엄청난 규모와 '게놈과 유전자의 관계'를 이해하기 위해 '유전자'를 한 명의 사람으로 간주하고 야구 경기에 빗대어 생각해 보자.

야구 경기장은 '게놈'

유전자 재조합 기술 = 한 사람의 입장
한 사람의 퇴장에 해당한다.

지정석에 있는 특정 관객이 퇴장한다.
– 게놈의 특정 유전자가 기능을 잃는다.

큰 시합에서 활약할 만한 선수를 확보한다.
– 이미 기능을 알고 있는 다른 종의 유전자도 삽입할 수 있다.

지정석에 특정 관객이 앉는다.
– 게놈의 특정 위치에 기능을 알고 있는 유전자를 삽입한다.

어떤 경우든 시합을 계속할 수 있는 범위 안에서만 변화가 이루어진다.
– 성장할 수 있는 범위 안에서만 유전자의 삽입이나 기능 상실이 이루어진다.

방사선이나 약물로 발생하는 돌연변이를 이용한 육종

선수와 관객이 마음대로 들어오고 나간다.
선수와 관객의 출입을 특정할 수 없다.
달라진 인원도 알 수 없다.
– 돌연변이를 일으킨 유전자를 정확하게 특정할 수 없다.
– 변이 유전자를 특정하지 않아도 상품화할 수 있다.

성 유전자 한 개를 콩에 집어넣었다고 해도 결국 콩은 콩입니다.

하지만 전통적인 교잡을 이용하는 육종은 어떨까요? 방사선과 화학 물질에 의존하는 전통 육종으로 탄생한 종은 어떤 유전자가 몇 개나 바뀌었는지 알 수 없습니다. 야구로 따지면 관객이나 선수가 마구잡이로 바뀌는 셈이에요. 교잡은 종이 다른 두 생물을 교배시켜 각각의 게놈을 무작위로 뒤섞은, 새로운 게놈을 가진 종을 만드는 방법입니다.

예를 들면 A팀과 B팀을 통합하여 양 팀 선수를 재분배해 C팀이라는 새로운 팀을 만든 것과 같습니다. 또는 D 구장의 관객과 선수 전원, E 구장의 관객과 선수 전원을 F 구장에 모았다가, 무작위로 절반을 골라 집으로 돌려보내는 것과 마찬가지지요.

남은 선수로 시합을 계속할 수 있을지(성장할 수 있을지)는 아무도 모릅니다. 아마도 필요한 선수가 빠져서 시합할 수 없을 때(성장하지 못할 때)가 많겠지요. 물론 운이 좋으면 필요한 선수가 다 있어서 시합을 (재배해서 상품화) 할 수도 있습니다.

또한 관중을 수용할 수 있는 인원이 다른 구장끼리는 관객과 선수를 합칠 수 있지만(크기가 다른 게놈은 융합할 수 있지만), 미국 메이저리그의 관객과 선수를 불러올 수는 없습니다(근연종과는 교잡이 가능하나, 원연종과는 불가능합니다). 이렇게 만들어진 농산물이 시장에서 팔리는 것입니다.

[그림 2-28] 게놈과 유전자 VS 야구 ②

트레이드(팀끼리 선수 교환), 드래프트
수비력, 기동력 보강: 발이 빠르고 수비를 잘하는 선수를 영입
공격력 보강: 장타력이 뛰어난 선수를 영입
투수력 보강: 삼진을 많이 잡는 선수를 영입

유전자 재조합 기술

해충 저항성: 관련 유전자를 도입한다.
파란 장미: 파란색 색소를 만드는 대사 과정에 관련된 유전자를 도입한다.

분배 드래프트
A팀과 B팀이 통합하고 나누면서 새로운 C팀이 탄생
어떤 팀이 될지는 알 수 없다.

교잡과 교배, 세포 융합

다른 종이나 품종을 교잡 · 교배시켜 양쪽의 게놈을 혼합시킨다.
어떤 생물이 탄생할지는 알 수 없고, 조사도 불가능하다.

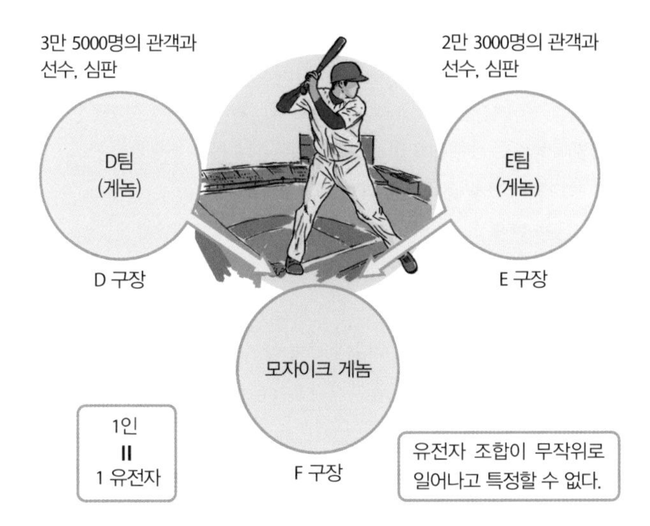

게놈과 유전자 – 유전자 한 개의 한계

이미 지겨울 정도로 반복했지만, 여기서 다시 한번 게놈과 유전자에 관해 이야기해 봅시다. 어떤 회사의 전통과 방침, 사풍을 말할 때 '○○사의 유전자', 'A사의 DNA'라는 표현을 익숙하게 사용합니다. 이때 사용하는 유전자나 DNA라는 용어는 물론 비유적 표현이지요. 그런데 기업의 전통을 유전자나 DNA에 빗대어 설명하는 것이 과연 적절한 표현일까요? 앞서 야구팀을 게놈, 선수와 관객을 유전자라고 비유했던 식으로 생각하면 기업이 가진 각각의 노하우는 유전자에 빗댈 수 있겠지만, 기업 전체는 '게놈'이라고 해야 적절할 것입니다.

하지만 비유하는데 용어의 정확한 개념까지 고려하여 사용할 필요는 없다고 생각했을지도 모릅니다. 그러니 게놈보다 사람들에게 널리 알려진 '유전자' 또는 'DNA'를 사용했겠지요.

1장 42쪽 칼럼 '게놈과 유전자'에서도 언급했듯이 게놈이라고 해야 할 부분을 유전자라고 표현하는 일은 아주 흔합니다. 물론 '별 것 아니지 않나', '뭘 그렇게 따지나'라고 생각하는 사람도 있겠지만, 유전자 변형 식품을 싫어하는 사람들이 내세우는 가장 큰 근거가 게놈과 유전자에 대한 오해에서 비롯된다는 사실을 고려하면 가볍게 넘길 수 없는 노릇입니다.

혈액형과 성격도 마찬가지입니다. 혈액형에는 수많은 분류법이 존재하고, ABO식 혈액형은 그중 하나에 불과합니다. ABO식 혈액형을 결정하는 대립유전자는 게놈 안에 하나밖에 없어요. 솔직히 성격이 무엇인지, 인간의 행동을 규정하는 요인이 무엇인지, 사람의 사고 유형은 어떤 것인지는 자세히 모릅니다. 하지만 적어도 사람의 성격이나 행동이 단 하나의 유전자로 설명할 수 있을 만큼 단순하지 않다는 사실은 쉽게 알 수 있습니다. 성격이나 사고 유형은 수많은 유전자와 게놈 단위로 생각해야 답을 찾을 수 있지 않을까요?

1장에서 다루었던 겸상 적혈구 빈혈증이나 술을 잘 마시는 체질과 같은 표현형은 유전자 한 개에서 염기 한 개가 치환되는 현상으로 설명할 수 있습니다. 물론 이런 예가 있다고 해서 모든 표현형이 단순히 유전자 한 개로 결정된다는 말은 아니니 오해하지 마세요. 대부분은 여러 유전자가 관련되어 있답니다. 게다가 '음악적 재능을 보여주는 유전자'나 '낙천적인 성격을 결정하는 유전자'처럼 능력이나 성격에 관련된 유전자는 아직 발견하지 못했고, 아마 앞으로도 발견하기 어려울지도 모릅니다.

이 책은 유전자 변형 식품을 전통적인 품종 개량 식품과 비교하며 유전자 한 개의 증감 현상에 초점을 맞춰 설명했습니다. 이 부분에 초점을 맞춘 이유는 기존 채소와 비교해서 이해하기 쉽게 설명하기 위해서입니다. 유전자 한 개가 표현형 하나에 독립적으로 대응한다고 가정하면 간단하게 설명할 수 있기 때문이에요.

하지만 실제로 유전자는 대부분 독립적으로 작용하지 않습니다. 따라서 실제 유전자 한 개의 증감 현상은 이 책에서 설명한 것만큼 단순하지 않지요. 설령 진화 과정에서 이리저리 시달리며 도태되고 남은 유전자라도 복잡하게 얽혀있으므로 그 안에 인공적으로 도입한 유전자가 게놈 내부에서 독립적으로 단순하게 작용하는 일은 없습니다.

유전자 한 개에만 너무 치중하거나 게놈의 개념을 가볍게 생각하면 문제의 본질을 정확히 볼 수 없습니다. 반면 유전자라는 용어로 설명된 개념들을 게놈의 개념으로 생각하면 답이 보이기도 합니다. 개념을 정확히 알고 문제를 바라보는 시각을 바꿔야 유전자 변형 식품의 진실을 받아들일 수 있습니다. 우리는 지금 그 시작점에 서 있습니다.

'유전자 변형'의 표기법

일본에서는 한자와 일본어를 함께 사용합니다. 그래서 한 단어를 표현하는 방식이 여러 가지로 나뉘기도 하고, 그에 따라 내포하는 의미에 차이가 생기기도 합니다. 지금 이야기할 '유전자 변형'도 마찬가지입니다. 표기법에 따라 의미에 차이가 있고, 차이에 따라 쓰이는 곳도 달라집니다. 다만 지금 설명하는 내용들은 저자인 내가 임의로 한 구분입니다. 통용되는 것이 아님을 미리 밝힙니다. 사용하는 사람에 따라 전달하고자 하는 용어의 의미가 다르다는 점에 착안하여 분류했을 뿐입니다. 우선 한마디로 정의하자면 '변형'을 '組換え(くみかえ)'라고 표기하는 사람은 과학적 의미에, '組み換え'라고 표기하는 사람은 감정적 의미에 초점을 맞춘 것으로 보이며, '組み替え'라는 표기는 언급할 가치도 없습니다.

일반적으로 신문이나 잡지에서는 주로 '組み換え'를 사용합니다. 용어집에 해당 표기로 통일되어 있기 때문이겠지만, 법률이나 행정 명령에 '組換え'라고 쓰여 있어도 기사에 실을 때는 기계적으로 전부 '組み換え'로 바꿉니다. 일반적으로 통용되는

[그림 2-29] '유전자 변형'의 표기법

저작물을 통해 살펴보니 표기법에 따라 기술하는 내용과 해당 내용의 과학적 정확성에 차이가 있었다.

유전자 '組換え' 과학적, 공식 용어

과학자와 정부 기관, 법률('유전자 변형 생물 등의 사용 규제를 통한 생물다양성 확보에 관한 법률'이나 일명 'JAS법'의 '기준' 등)은 공식적으로 '組換え'로 표기한다. 전문 서적이나 교과서도 마찬가지다.

유전자 '組み換え' 주로 반대하는 사람이 사용

TV나 신문, 잡지, 일부 서적에 사용되며 시민운동가 대부분이 사용한다.

유전자 '組み替え' 논외

일부 시민운동가나 아마추어들이 주로 사용하며, 정치적 활동가들도 사용한다. 자동 한자 변환 프로그램의 초기 설정 상태에서 가장 위에 나오는 경우가 많아서일지도 모른다.

명칭인 '組み換え'로 통일하는 부분까지는 이해할 수 있지만, 법률이나 조문까지 바꾸는 것은 조금 과하다는 생각이 듭니다.

한편 식품에는 '組換え'만 사용합니다. 법률이나 조문에 전부 '組換え'로 표기되어 있기 때문이에요. 또한 과학자들이나 국가 기관이 작성하는 모든 공식 문서에도 '組換え'를 사용합니다. 알다시피 어떤 분야든 용어는 매우 중요합니다. 과거 중고등학교 교과서에는 어떻게 표기되어 있는지 조사해 본 적이 있는데, 여기서 재미있는 사실을 발견했습니다. 고등학교의 생물 수업이나 농업 관련 수업과 같이 이과 과목에 사용하는 교과서에는 전부 '組換え'로 표기되어 있었고, 현대 사회나 윤리 같은 사회 과목 교과서에는 주로 '組み換え'로 표기되어 있었습니다. '組換え'로 표기한 사회 과목 교과서는 하나도 없었지요. 검정을 마친 교과서일 텐데도 표기가 통일되지 않았다는 사실이 재미있었고, 내용을 보면 대부분 저자가 한 구분에 맞아떨어졌습니다.

일반 서적 중 유전자 변형 작물이 주제인 책을 살펴보면 여기서도 재미있는 경향을 찾을 수 있습니다. 1990년대 후반에는 유전자 변형에 반대를 주장하며 '組み換え'로 표기한 책이 많았지만, 2000년대에 들어와서는 '組み換え'와 '組換え'가 막상막하였습니다.

참고로 유전자 변형과 같이 용어 표기법이 통일되지 않은 예는 의외로 많습니다. 예를 들면 '도코사헥사엔산'이 있습니다. 한자로 '도코사헥사엔酸'으로 표기하기도 하고, 한자 없이 '도코사헥사엔산'으로 표기하거나 '도코사헥사염산'으로 표기할 때도 있습니다. 여기서는 '도코사헥사염산'이 가장 잘못된 표현입니다. 또한 잡지 인터뷰를 하다가 아미노산에 '카르티닌'을 넣은 건강식품이 있다는 사실을 알게 됐는데, '카르니틴'이 맞는 표현입니다. '단백질'도 마찬가지로 'タンパク質', '蛋白質', 'たんぱく(단백)'로 다양하게 표기합니다. 대학 시절 蛋白質이라고 써야 할 곳에 'たんぱく(단백)'라고 썼다가 지도교수에게 '그런 말은 이 세상에 없다'라며 꾸중을 들었던 일이 생각납니다.

* 한국에도 유전자 변형을 두고 조금씩 용어가 다릅니다. 식품의약품안전처에서는 '유전자 재조합'으로, 농림축산식품부는 '유전자 변형'으로, GMO를 반대하는 사람들은 '유전자 조작'이라고 해요. 물론 용어가 통일되지 않았다 해서 당장 심각한 문제가 되는 것은 아닙니다. 다만 용어를 무분별하게 쓰면 그 용어를 사용한 글의 신뢰도가 떨어질 수 있으니 주의하길 바랍니다.

2-3 동물과 인간의 바이오테크놀로지

클론

클론(clone)의 어원은 그리스어로 '작은 가지'를 뜻하는 'klon'입니다. 클론은 '무성 생식을 통해 생겨난 유전형이 같은 생물 집단', '완전히 같은 DNA(게놈)를 가진 생물체'를 의미해요. 복제 양 돌리의 탄생 이후 클론(복제) 동물이 세상의 주목을 받게 되었지만, 사실 돌리 이전에도 클론(복제) 동물을 만들려는 시도는 자주 있었습니다. 먼저 돌리 이전에 있었던 기술을 간략하게 살펴보고, 돌리를 탄생시킨 체세포 복제 기술과 미래 기술에 관해 알아보도록 합시다.

인간 중에도 일란성 쌍둥이로 태어나는 사람이 있습니다. 일란성 쌍둥이는 서로의 클론이에요. 일란성 쌍둥이는 생성 초기에 어떠한 이유로 한 개의 수정란이 분할되고, 각각의 개체로 자라서 태어납니다. 같은 수정란의 게놈을 물려받기 때문에 일란성 쌍둥이는 당연히 서로 같은 게놈을 가집니다. 따라서 같은 유전 정보를 가졌고, 같은 유전자를 가졌으며 합성하는 단백질과 아미노산 서열도 같습니다. 하지만 후천적으로 얻는 능력은 다르고, 자라는 환경과 시대, 장소의 영향을 받는 부분 역시 다릅니다.

일반적인 일란성 쌍둥이는 우연의 결과로 생기지만 인공적으로 만들 수도 있습니다. 이와 관련된 기술이 다음에서 설명할 수정란 복제입니다.

[그림 2-30] 게놈을 기준으로 본 수정란 복제 기술

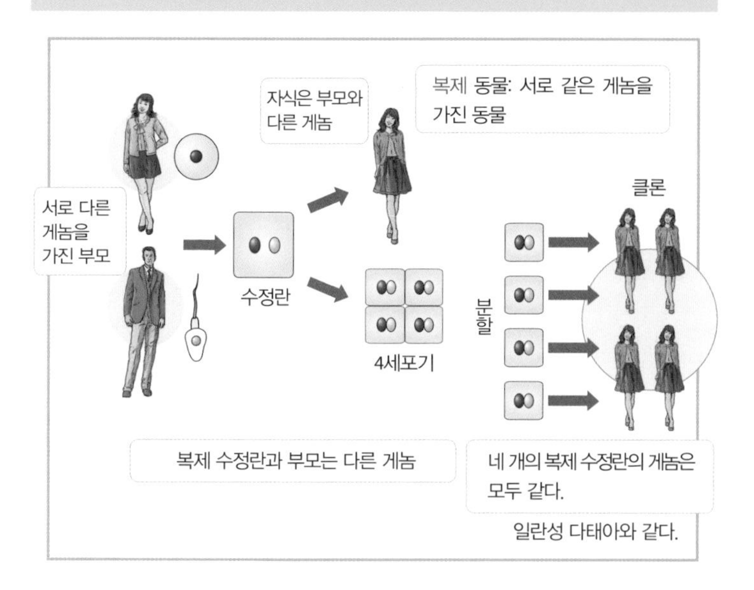

[그림 2-31] 게놈을 기준으로 본 체세포 복제 기술

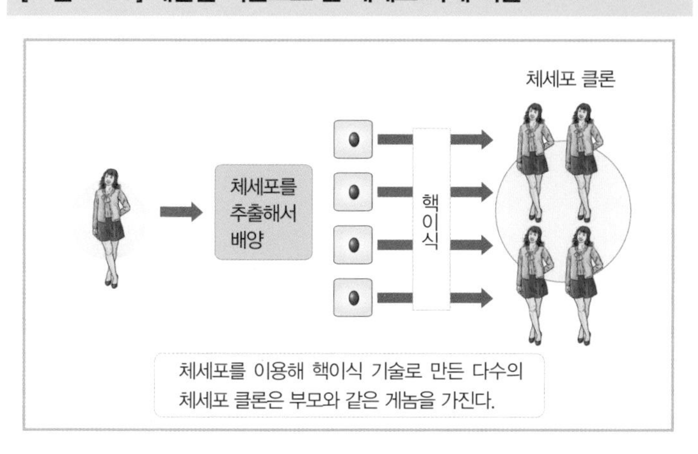

수정란 복제

인공적으로 수정을 일으킨 다음, 두 번의 난할을 거쳐 4세포기에 들어간 수정란을 물리적으로 각각 분리하고, 분리된 네 개의 난할 배아를 각각 다른 임시 부모에게 이식하면 [그림 2-30]과 같이 네 개의 클론 개체가 탄생합니다. 이 기술로 만들 수 있는 클론의 수는 한정적이지만 소의 번식에서는 많이 이용됩니다. 정자는 동결 보관할 수 있기 때문입니다. 실제로 일본산 고급 와규는 한 마리의 우수한 수컷 소의 동결 정자로 만들어진다고 합니다. 하지만 난자는 보관이 어렵고 채취할 수 있는 수도 적은 데다 배양도 할 수 없어요. 이렇게 한계가 있는 정자와 난자 자원을 효율적으로 활용하기 위해 고안된 기술이 바로, 수정란 복제 기술입니다.

또한 수정란 복제와는 별도로 핵이식 기술도 발전했습니다. 미수정란의 핵을 제거하고 해당 수정란과 배아의 세포를 융합하거나 배아에서 뽑아낸 핵을 이식하는 기술이지요. 이 기술을 이용하면 인공 수정한 수정란을 배양해서 16개 세포로 난할한 배아를 만든 다음, 각각의 세포를 핵을 제거한 난자에 이식해 임시 부모의 몸에 이식할 수 있습니다. 핵이식 기술을 통해 한 개의 수정란에서 탄생시킬 수 있는 클론의 수를 늘릴 수 있게 된 것입니다.

하지만 어떤 수정란 복제 기술이든 처음에는 인공 수정을 하기 때문에 어떤 형질을 가진 클론이 태어날지는 알 수 없습니다. 또한 핵이식에 사용하는 세포나 핵은 생성된 지 얼마 안 된 배아여야 한다는 조건이 있어서 분화하기 시작한 세포는 시간이 지나면 핵이식을 할 수 없었습니다. 이 문제를 해결한 방법이 돌리를 만든 체세포 복제 기술입니다.

[그림 2-32] 핵이식 수정란 복제와 체세포 복제

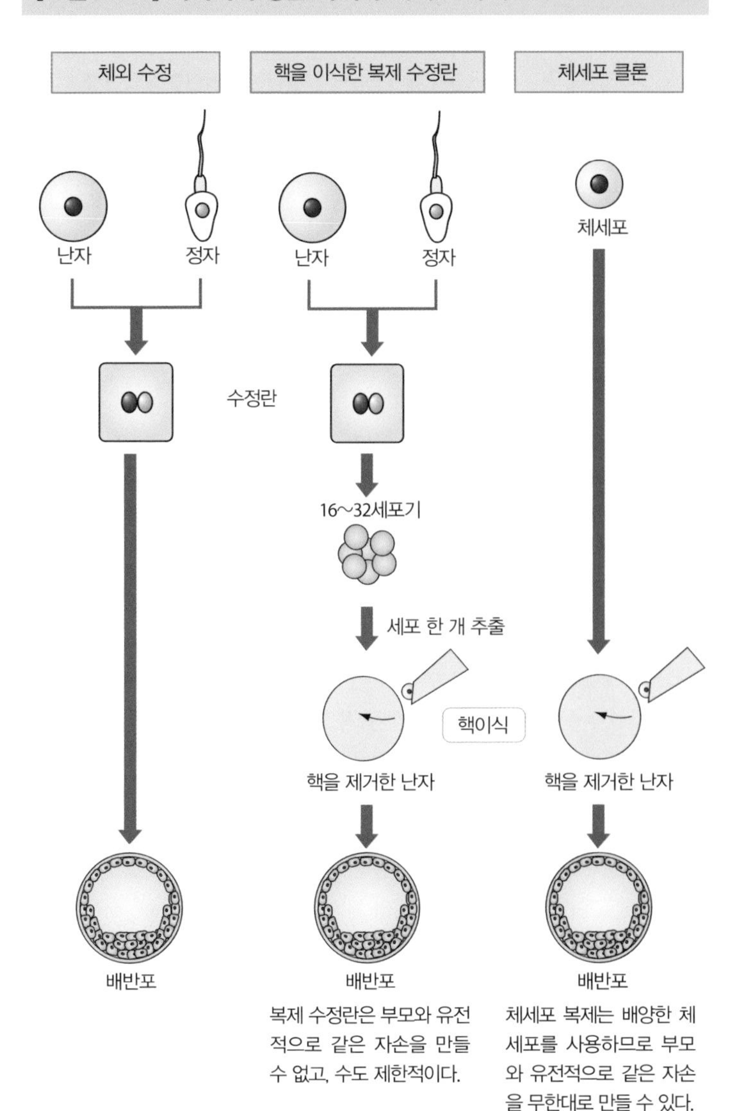

복제 수정란은 부모와 유전적으로 같은 자손을 만들 수 없고, 수도 제한적이다.

체세포 복제는 배양한 체세포를 사용하므로 부모와 유전적으로 같은 자손을 무한대로 만들 수 있다.

복제 동물의 응용 – 동물 복제 기술

1997년 2월, 영국 북부 스코틀랜드 에든버러에 있는 로슬린 연구소에서 세계 최초로 체세포 복제 양 돌리가 태어났습니다. 돌리는 핵이식 기술을 이용해 암컷 양의 유선 세포를 수정되지 않은 다른 양의 수정란에 주입하고, 또 다른 양의 자궁에 이식해 탄생했어요. 그리고 같은 해 7월에 사람의 유전자를 도입한 복제 양 폴리도 태어났지요. 이러한 연구 결과에 힘입어 일본에서도 1998년 3월에 세계 최초로 체세포 복제 소 임신에 성공했고, 같은 해 7월에 복제 소가 태어났습니다. 그 후로도 다양한 체세포 복제 포유류의 탄생이 이어졌습니다. 가축인 소, 양, 돼지는 물론, 심지어 실험용 쥐는 몇 세대에 걸쳐 체세포 복제 동물이 계속해서 태어났고, 복제 고양이가 만들어져 상업적으로 이용되기도 했습니다.

하지만 체세포 복제 기술은 단순히 클론 개체를 만들기 위해 개발한 기술이 아닙니다. 이미 그전에도 유전자 변형 개체는 만들 수 있었어요. 과거 기술이 가진 문제는 그렇게 만들어진 소중한 개체의 자손을 남길 수 없었고, 개체를 늘리려면 복제를 통해 클론을 만들 수밖에 없다는 점이었습니다. 이 부분에서 체세포 복제 기술이 위력을 발휘했지요.

체세포 복제 기술은 새로운 수정란을 거치지 않고 이미 개체로 존재하는 생물의 게놈과 똑같은 게놈을 가진 개체를 별도로 만드는 방법입니다. 즉, 체세포 복제 기술은 이미 게놈의 구성을 알고 있는 생물의 복사품을 만드는 기술이지요. 체세포 클론은 어떻게 보면 늦게 태어난 일란성 쌍둥이인 셈입니다. 체세포 클론은 다른 생식 방법으로 태어난 개체와 특별히 다르지 않습니다. 자연스럽게 태어난 일란성 쌍둥이와도 유전적으로 아무런 차이가 없지요. 이 기술을 반복하면 유전적으로 완벽히 일치하는 자손을 무한대로 만들 수 있습니다. 이미 실험용 쥐를 대상으로는 실험에 성공했지요. 이렇게 체세포 복제 기술이 개발되면서 유전자를 재조합한 체세포를 이용해 유전자를 도입하거나 개량할 수 있게 되었습니다. 또한 이 기술을 뒤에서 설명할 ES 세포에 적용하면 자신과 같은 게놈을 가진 이식용 장기를 만들 수도 있습니다.

[그림 2-33] 복제 동물의 탄생

1997년 2월	세계 최초로 체세포 복제 양 돌리 탄생(영국) 암컷 양의 유선 세포를 핵이식 기술을 이용해 다른 양의 미수정란에 이식
7월	인간의 유전자를 도입한 폴리 탄생(영국)
1998년 2월	소의 태아 세포를 이용한 체세포 복제 소 탄생(미국)
3월	체세포 복제 소 임신 성공 발표(일본)
7월	세계 최초로 성체 소의 체세포 복제 소가 탄생(일본)

[그림 2-34] 체세포 복제 기술 – 핵이식

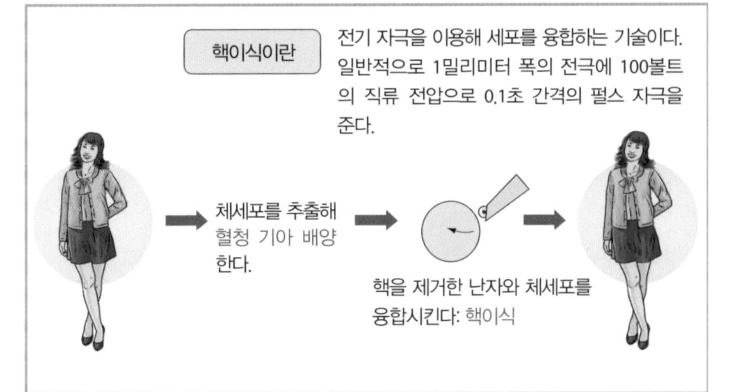

혈청 기아 배양

세포 주기에서 벗어나 세포 분열을 중지시키기 위해 0.5퍼센트 FCS(소 태아의 혈청) 상태에서 배양한다. 이 농도는 일반적인 농도(10퍼센트 FCS)의 20분의 1에 해당한다.

잡종 – 레오폰

복제 기술과 자주 혼동하는 개념 중에 잡종과 키메라가 있습니다. 각각 어떤 방법인지 구체적으로 살펴봅시다.

과거 일본의 동물원은 손님을 끌어모으기 위해 다소 기괴한 동물을 만들기도 했습니다. 하지만 당시에는 배아나 수정란을 조작하는 기술이 없었습니다. 그래서 종이 다른 동물을 새끼 때부터 같이 키우며 자연스럽게 교배를 시켜 잡종을 만들었습니다.

그 결과 1959년, 한신 공원에서 수컷 표범과 암컷 사자 사이에 '레오폰'이라는 세계 최초의 잡종 맹수가 탄생했습니다. 처음에는 두 마리가 태어났고, 2년 후에는 세 마리가 더 태어났지요. 이들은 사자의 몸집에 표범 무늬를 지녔으며, 생식 능력은 없었습니다. 태어난 레오폰 중 한 마리는 24년 동안 살기도 했습니다. 하지만 인위적으로 잡종 동물을 만든 사실이 사회적으로 비판을 받으면서 홍보를 목적으로 잡종 동물을 만드는 일은 사라졌습니다. 또 레오폰도 사후 박제로만 남아있지요.

잡종 수정란의 게놈은 두 게놈이 섞인 상태입니다. 또 잡종을 구성하는 체세포는 수정란과 같은 게놈을 가지지요. 따라서 표범의 정자와 사자의 난자를 수정시킨 레오폰의 수정란에는 표범과 사자의 게놈이 혼합되어 있습니다. 보통 다른 종 간에는 각각 게놈 염색체의 구성이 달라 염색체가 쌍을 이루지 못합니다. 그러니 수정이 잘 이루어지지 않지요. 하지만 일단 수정이 되고 잡종 생물이 성장할 수 있는 정도의 DNA 복제와 세포 분열이 진행되면 잡종 개체가 탄생하기도 합니다. 앞에서도 말했지만, 이렇게 태어난 잡종 생물이 가진 모든 체세포 게놈은 기본적으로 수정란의 게놈과 같습니다.

잡종 생물은 염색체가 쌍을 이루지 못했기 때문에 감수 분열이 제대로 진행되지 않습니다. 그래서 생식 세포를 만들지 못하고 일반적인 수정 방법으로는 자손을 남길 수 없어요. 다만 체세포 복제 기술을 이용하면 잡종도 자손을 남길 수 있을지 모릅니다.

[그림 2-35] 교잡을 통한 새로운 종의 탄생

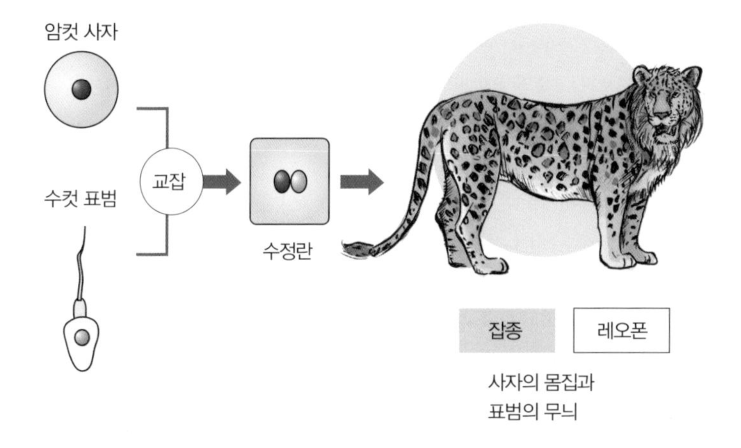

레오폰의 모든 세포는 표범 게놈과 사자 게놈의 혼합 게놈이다.

표범의 염색체와 사자의 염색체는 수와 크기가 다르기 때문에 쌍을 이루지 못한다.

감수 분열이 제대로 일어나지 않아 생식 세포가 생기지 않고, 결국 불임이 된다.

키메라 – 여러 게놈을 가진 생물

'키메라'라는 이형 생물에 관해 들어본 적 있나요? 키메라는 연구용으로도 다양하게 만들어지지만 전설 속에도 자주 등장합니다. 우리가 아는 유니콘이나 인어, 스핑크스(사람+사자)가 바로 키메라입니다. 일본 아스카 역사공원에 있는 기토라 고분의 십이지 중에도 키메라로 추정되는 생물이 그려져 있어요.

연구용으로 만들어지는 키메라는 8세포기에 이른 배아 두 개를 분리해 섞은 다음 배양해서 만들며, 실험용 쥐를 주로 이용합니다. 또는 뒤에서 설명할 특수한 세포인 ES 세포를 배반포기에 생기는 공간에 삽입해서 만들기도 합니다.

이처럼 키메라는 전설 속에도 등장하고 실험실에서 실제로 만들어지기도 하는데, 어떤 방식으로 만들든 키메라를 구성하는 세포 각각은 다른 종, 또는 같은 종의 다른 개체가 가진 게놈 중 하나의 게놈을 가집니다. 따라서 앞에서 설명한 잡종 레오폰처럼 한 세포에 양쪽 게놈이 섞이지는 않습니다.

이렇듯 한 몸에 다른 두 게놈을 가진 개체가 키메라라고 한다면 사실 여성도 키메라라고 할 수 있습니다. 성염색체인 X염색체를 여성은 두 개, 남성은 한 개 가지고 있으므로, 각각의 염색체에는 유전자가 있고 해당 유전자가 기능을 하기 때문에 이대로라면 남녀가 합성하는 단백질의 양이 달라집니다. 여기서 발생하는 문제를 피하고자 여성이 가진 두 개의 X염색체 중 한 개는 불활성화된답니다. 불활성화는 발생 과정에서 무작위로 일어나기 때문에 몸 전체로 보면 여성은 두 종류의 게놈 세포로 구성된 키메라 상태라고도 할 수 있습니다.

X염색체 상에 존재하는 유전자의 영향으로 남성에게만 나타난다고 알려진 유전병이 있습니다. X염색체가 두 개인 여성은 이 병의 보인자(carrier)라고 해도([그림1-55] 참고) 해당 유전자가 발현하는 세포와 발현하지 않는 세포를 동시에 가진 키메라 상태라 병에 걸리지 않습니다.

이와 같은 키메라 상태를 우리 눈으로 확인할 수 있는 동물이 바로 삼색고양이예요. 삼색 고양이는 털의 색을 결정하는 여러 유전자 중 하나가 X염색체에 들어 있어서 암컷 삼색 고양이에게만 복잡한 무늬가 나타납니다.

[그림 2-36] 실험실에서 태어나는 키메라

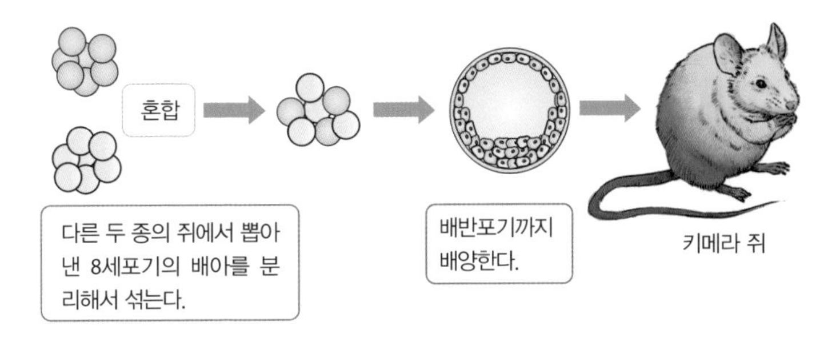

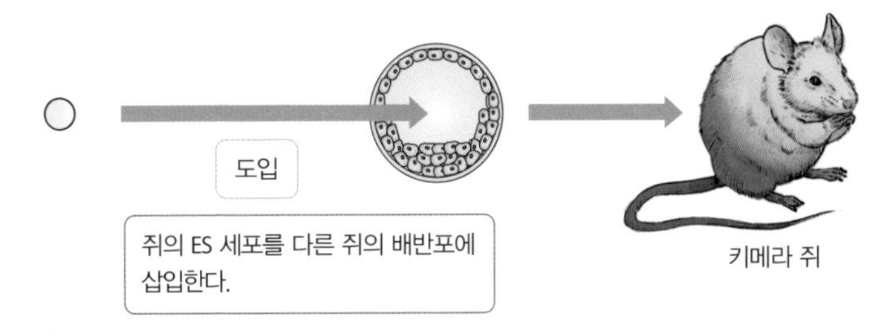

어느 쪽이든 키메라 쥐는 두 가지 게놈 세포로 구성된다. 세포 간에는 게놈이 섞이지 않는다.

이 무늬는 배아가 생성될 때 우연히 결정되므로 삼색 고양이는 체세포 클론을 만들어도 털의 색까지는 재현할 수 없답니다.

배아 줄기세포의 이용

개체는 수정란 상태에서 난할과 분화를 거치며 형성됩니다. 즉, 미분화 세포에서 분화 세포가 됩니다. 그리고 일부 중추 신경계나 심장 근육을 제외하고 세포는 끊임없이 분열합니다. 이때 새로운 세포 형성의 바탕이 되는 세포가 있습니다. 덕분에 세포들은 각자 자신이 맡은 역할대로 분화할 수 있습니다. 이 세포가 바로 '줄기세포(stem cell)'입니다.

줄기세포는 독특한 모양으로 분열합니다. 분열한 두 개의 딸세포 중 한 개는 분화한 세포가 되고, 다른 하나는 모세포와 똑같은 줄기세포로 남습니다. 이를 '비대칭 분열'이라고 하며, 이 방법을 통해 줄기세포가 유지되기 때문에 조직은 항상 새로운 상태로 존재할 수 있습니다. 대표적인 줄기세포에는 혈액 세포를 만드는 조혈모세포(골수), 신경 줄기세포, 뼈 줄기세포, 간 줄기세포 등이 있습니다.

다양한 줄기세포 중 모든 줄기세포로 분화할 수 있는 줄기세포를 '배아 줄기세포(ES 세포, embryonic stem cell)'라 합니다. 배아 발생 초기 단계에 배반포기라는 시기가 있습니다. 실험용 쥐로 말하자면 수정 후 4일째에 수정란이 여섯 번의 난할을 거쳐 64개의 세포가 되는 시점이에요. 배반포기에는 태반이 없어도 난할이 일어나고 인공적으로 배양할 수도 있습니다. 배반포는 둥근 세포 덩어리로, 주위를 둘러싼 세포벽에 12개 정도의 세포가 들어가 안에 공간이 생긴 상태가 됩니다.

이 배반포 안에 있는 세포를 추출해서 배양할 수 있습니다. 일반적으로 이미 분화한 정상세포는 배양하기가 어렵고, 배양에 성공했다고 해도 텔로미어 때문에 일정 수명이 있어서 인간의 세포는 약 50회 정도 분열하면 증식을 멈춥니다. 다만 암에 걸린 경우, 암세포는 무한대로 증식하는데, 배반포 속에 있는 세포는 마치 암세포처럼 무한히 배양할 수 있습니다.

1981년, 실험용 쥐의 배반포에서 뽑아낸 세포 배양에 최초로 성공했습니다. 미분화된 세포의 성질을 유지하면서 체외에서 무한히 증식하는 이 세포에 'ES 세포(배아 줄기세포)'라는 이름이 붙었습니다. 그 뒤로 1998년에 사람의 ES 세포도 만들어졌어요.

[그림 2-37] 줄기세포의 비대칭 세포 분열

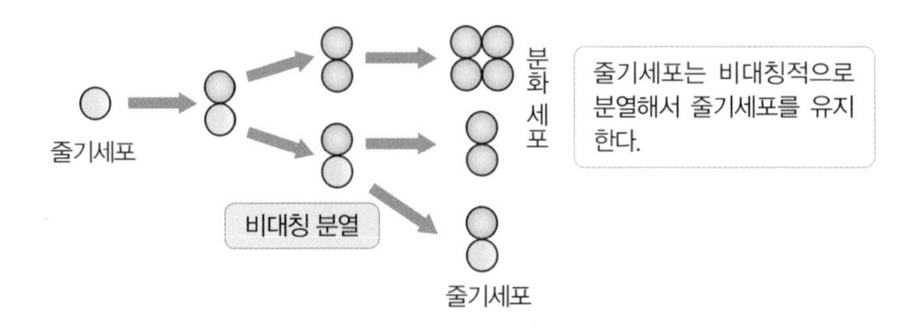

[그림 2-38] 배아 줄기세포(ES 세포)의 이용

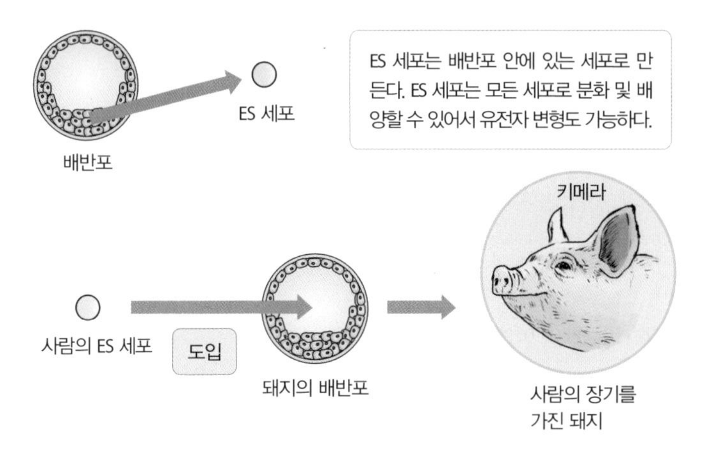

ES 세포를 만들려면 일단 배반포를 파괴해야 한다. 배반포는 자궁에 이식하면 개체가 되기 때문에 배아를 파괴하는 조작 행위에는 항상 윤리적 비판이 따른다.
이러한 비판을 고려해 배반포가 형성되기 전 상태의 배아에서 추출한 한 개의 세포로 ES 세포를 만드는 기술도 있다. 이 기술을 이용하면 남은 배아는 개체로 자랄 수 있다.

실험용 쥐의 ES 세포는 키메라 쥐나 뒤에 나올 '녹아웃 마우스'를 만들 때 이용합니다. 정상인 A 계통 쥐의 배반포기 배아 속에 B 계통의 ES 세포 1개를 주입해서 자궁에 이식했더니 B 계통 게놈으로 이루어진 조직과 장기들을 가진 A 계통 쥐가 탄생했습니다. 이 쥐가 방금 이야기한 '녹아웃 마우스'라는 키메라 쥐이며 1986년에 처음으로 등장했습니다. 키메라 쥐 실험을 통해 ES 세포는 기능이 정해지지 않은 미분화 세포로, 다양한 조직이나 장기로 분화할 수 있는 세포라는 사실이 밝혀졌습니다. 다만 ES 세포 단독으로는 개체가 될 수 없어 ES 세포를 '다능성 세포'라고도 부릅니다.

ES 세포는 배양할 수 있습니다. 게다가 비교적 쉽게 유전자 도입을 할 수 있어 유전자 변형 생물을 만드는 길도 열어주었지요. ES 세포를 이용하면 특정 유전자의 기능을 상실한 표적 유전자 파괴 쥐를 만들 수 있고, 그 결과 일명 '녹아웃 마우스(knock-out mouse)'라는 다양한 계통의 쥐가 탄생했습니다. 이 쥐는 특정 병에 관련된 유전자의 기능을 없애(녹아웃) 질병이 발생하는 원리를 해명하거나 병태 동물 모형을 만들 때 주로 사용합니다. 또한 복제 기술을 사용하면 성인의 체세포와 같은 게놈을 가진 ES 세포도 만들 수 있어요. 다시 말해 면역적으로 거부 반응이 없는 본인의 장기를 만들 수도 있습니다. 또한 [그림 2-39]와 같은 순환이 일어난다면 본인의 장기를 무제한으로 만들 수도 있지요.

하지만 이 기술은 여전히 사람을 대상으로 사용하기에는 문제가 많습니다. 복제 기술을 사용하려면 반드시 살아있는 사람의 난자가 필요하고, 그뿐만 아니라 그대로 자궁에 착상시키면 정상적인 체외 수정아로 자랄 수 있는 배반포기의 배아를 파괴해야 한다는 문제도 있어요. 이런 문제를 단번에 해결한 존재가 다음에서 설명할 iPS 세포입니다.

[그림 2-39] 재생 의료에 활용할 수 있는 복제 ES 세포

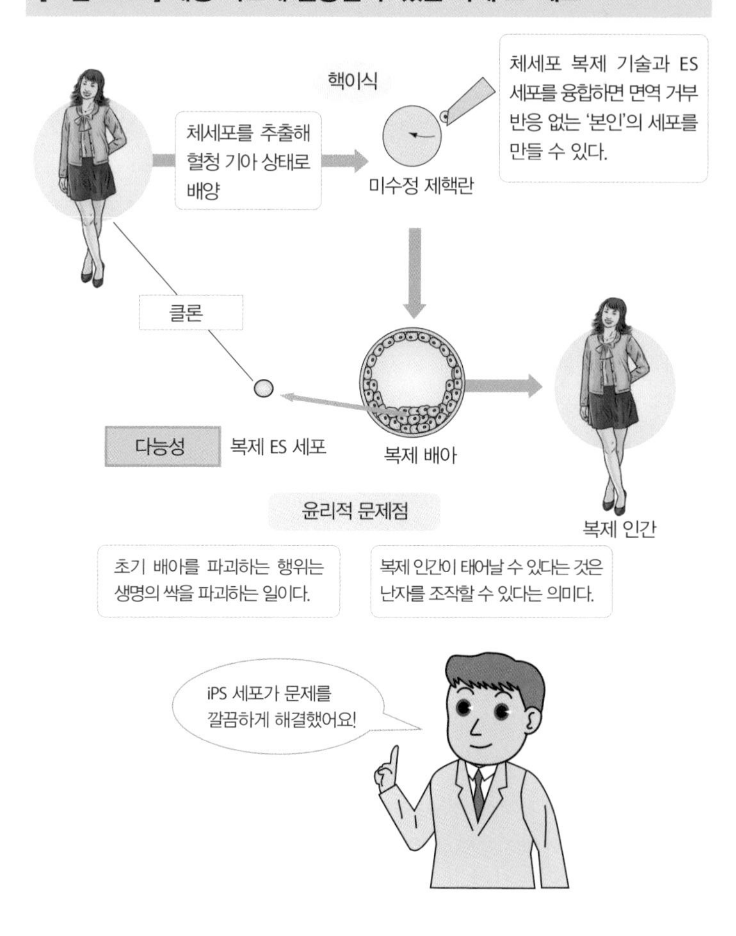

iPS 세포(유도만능줄기세포)의 등장

세계 각국에서 사람의 ES 세포가 만들어지고 있습니다. 하지만 재생 의료에 활용하기 위해서는 본인의 게놈을 가진 체세포 유래의 ES 세포가 필요합니다. 이런 ES 세포를 만드는 일은 물론 기술적으로 어렵기도 하지만, 난자를 확보하기 힘들다는 점이 더 큰 문제입니다. 만약 난자를 사용하지 않고 체세포에서 다능성을 가진 ES 세포와 비슷한 세포를 만들 수 있다면, 배양 기술만으로도 면역 거부 반응이 없는 '본인'의 각종 세포를 만들 수 있습니다.

이런 희망이 ES 세포에서 발현하는 특이적 유전자가 미분화 다능성을 가진 세포를 만들 것이라는 가설로 이어졌고, 몇 가지 후보를 찾아냈습니다. 또한 다능성을 가진 실험용 쥐의 ES 세포와 단능성으로 분화된 쥐의 체세포를 융합하면 다능성 세포가 생성된다는 사실도 밝혀졌어요. 비록 이 세포는 융합 세포이기 때문에, 게놈에 이상이 나타날 수 있어 재생 의료에는 쓸 수 없지만, 적어도 이 결과로 분화한 단능성 체세포가 다능성 ES 세포에서 어떠한 인자를 받아 다능성으로 변화한다는 사실을 추측할 수 있었습니다.

이와 같은 발견을 종합해 체세포에 다능성을 부여하는 유전자를 도입하면 ES 세포를 만들 수 있을 것이라는 아이디어를 떠올린 사람이 교토대학의 야마나카 신야(山中伸弥) 교수입니다.

야마나카 교수는 먼저, 후보로 떠오른 유전자를 24가지로 좁혔습니다. 처음에는 다능성을 부여하려면 어떤 유전자가 얼마나 필요한지 몰랐기 때문에 정밀한 실험을 거쳐 이 중에서 네 가지 유전자를 찾아냈어요. 그리고 드디어 2006년, 이 네 가지 유전자를 쥐의 체세포에 도입하면 ES 세포와 비슷한 다능성을 갖는다는 사실을 알아냈습니다. 야마나카 교수는 이 세포에 당시 유행하던 전자 기기 '아이팟(iPod)'에서 힌트를 얻어 iPS 세포(유도만능줄기세포, induced Pluripotent Stem cells)라는 이름을 붙였고, 다음 해에 사람의 iPS 세포를 만드는 데 성공하면서 재생 의료의 주역으로 발돋움했습니다.

[그림 2-40] iPS 세포 발견 과정

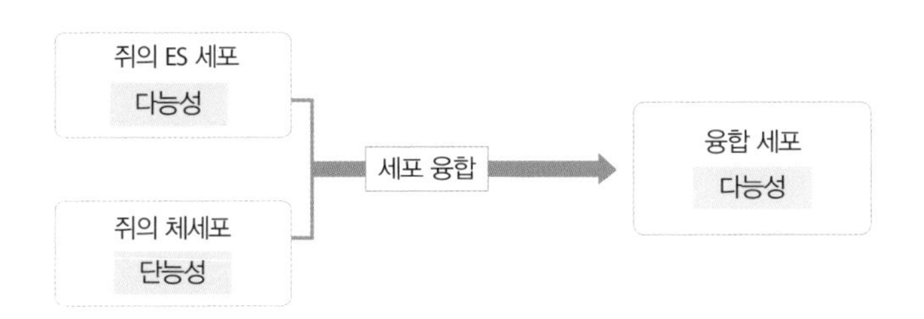

ES 세포가 가진 다능성과 관련된 인자가 단능성 세포에 다능성을 부여한다는 추측이 제기되자, 다능성 인자를 찾아서 해당 유전자를 체세포에 도입하면 다능성을 부여할 수 있다는 기대가 생기기 시작했다.

실제로 체세포를 다능성 세포로 만드는 네 가지 유전자를 발견했다!

[그림 2-41] iPS 세포의 생성 방법과 특징

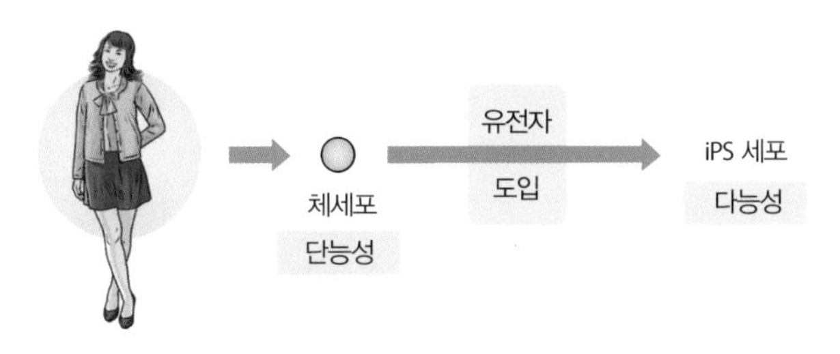

난자나 배아를 사용하지 않는다.

배양할 수 있어 유전자 변형도 가능하다.

전능성은 없기 때문에 복제 인간은 탄생하지 않는다.

복제 ES 세포보다 생성하기 훨씬 용이하다.

면역적으로 '자기 자신'이다.

iPS 세포를 활용한 재생 의료

장기 이식 의료 기술이 더 발전하지 못하고 정체된 주요 요인은 이식할 장기가 부족하기 때문입니다. 특히 심장은 박동이 멈추면 쓸 수 없습니다. 그러니 이식하려면 살아 있는 심장이 필요하지요. 살아 있는 심장은 살아 있는 사람의 몸속에만 있습니다. 상식적으로 생각하면 심장 이식은 불가능한 일입니다. 이 불가능한 일을 가능하게 만든 것이 '뇌사'라는 상태의 발견이었습니다. 뇌사는 뇌의 기능이 회생 불가능한 상태로 정지해 뇌의 기능에 의존하는 호흡은 멈췄지만, 심장은 움직이고 있는 상태를 말합니다. 이 상태를 '죽음'으로 본다면 살아 있는 심장을 쓸 수 있게 됩니다.

다만 이 방법이, 장기적으로 옳은 방향인지 의구심이 듭니다. 그래서 인공 심장을 사용하기도 하지만, 역시 배양 기술로 본인의 게놈을 가진 심장을 만들어 이용하는 것만큼 확실한 방법은 없겠지요. 불과 얼마 전까지만 해도 꿈같은 이야기였을 테지만, iPS 세포의 발견으로 인류는 그 꿈에 한 발짝 다가설 수 있게 되었습니다.

iPS 세포를 만들려면 유전자를 도입해야 하고 특수한 조건에서 배양해야 합니다. 하지만 이는 단순히 '기술'의 문제이니 얼마든지 개선할 수 있습니다. 실제로 엄청난 속도로 개선이 이루어져 배양 조건을 개선해 iPS 세포 상태를 거치지 않고 유전자 도입만으로 단시간에 신경 줄기세포를 만드는 기술도 개발되었습니다.

다만 오해하지 말기를 바랍니다. 이 기술로는 여전히 '세포' 단계까지만 만들 수 있습니다. 물론 세포를 이식해서 이식 부위에서 제대로 작용하기만 하면 도움이 되는 일도 있지만, 궁극적인 목표는 '장기'나 '조직'을 만드는 것인 만큼, 실용화까지는 험난한 길이 예상됩니다.

소설 속 복제 인간

현실 사회에는 의도적으로 만든 복제 인간이 존재하지 않습니다. 공식적으로 연구 자체도 금지되어 있지요. 하지만 소설이나 영화 속 세상에서는 복제 인간이 맹활약하기도 합니다. 그중에는 멸종한 네안데르탈인의 클론이 등장하는 작품도 있어요. 영화 속에서는 복제 인간이 너무나 쉽게 태어나고 초인적인 능력을 발휘하기도 합니다.

한편 소설의 세계는 크게 두 가지로 나눌 수 있습니다. SF 소설에서는 복제 인간이 활약하지만, 현실성을 추구하는 소설에서는 주제가 복제 인간이어도 실제로는 복제 인간이 등장하지 않는 경향이 있습니다.

또한 복제 인간이라 인권이 없다거나, 인격이나 감정이 없다는 설정의 작품도 있습니다. 극히 일부이기는 하지만 복사기를 떠올리며 진짜와 똑같은 나이의 복제 인간을 만들 수 있다고 생각하거나 기억까지 복사할 수 있다고 생각하는 사람도 있습니다. 하지만 만약 그런 일이 가능하다면, 복사본을 계속 복사할수록 지저분해지는 것처럼 복제 인간의 복제 인간도 결국 결함을 덤으로 얻게 될 것입니다.

영화나 소설 속 세상이니 특별히 문제 삼지는 않지만, 현실과 너무 동떨어진 데다, 심지어 그런 작품을 보고 '교훈을 얻었다', '많은 생각을 하게 됐다'라고 감동하는 사람을 보면 '과연 괜찮을까?'라는 생각이 들기도 합니다. 어느 정도 현실적이라면 괜찮겠지만 예를 들어 기억까지 복제할 수 있는 복제 인간이나, 스무 살에 죽은 주인공의 복제 인간이 갑자기 스무 살 모습으로 태어나는 설정은 다소 지나친 감이 있습니다. 때로는 사람들이 이런 이야기에 심취해 실제 복제 기술이나 재생 의료를 비판한다면 어떤 이야기를 해 줘야 할지 고민이 되기도 한답니다.

iPS 세포의 발견과 녹아웃 마우스

세상 모든 발견에는 항상 숨겨진 이야기가 있답니다. 앞에서 본 것처럼 iPS 세포는 네 가지 유전자를 도입해서 만든 세포입니다. 하지만 처음 후보군은 24가지였습니다. 그중 어떤 유전자를 사용해도 다능성 세포가 생기지 않을 수도 있었고, 생긴다고 가정한다 해도 어떤 유전자가 필요한지는 물론, 몇 개나 필요한지도 알 수 없었습니다. 만약 여러분이라면 어떤 방법으로 찾으실 것인가요?

힌트는 녹아웃 마우스(knock-out mouse)라는 조금 무서운 이름을 가진 실험용 동물에 있습니다. 녹아웃이란 특정 유전자의 기능을 알아보고 싶을 때 해당 유전자의 산물을 직접 조사하지 않고 게놈에서 그 유전자만 제거해 기능을 상실한 상태로 만들어 그 변화를 보고 기능을 파악하는 방법입니다. 실제로 다양한 유전자를 '녹아웃' 시킨 쥐가 태어났고, 많은 유전자의 기능과 질병을 조사하는 모델이 만들어졌습니다.

iPS 세포에 도입한 네 가지 유전자도 같은 발상에서 시작되었어요. 후보 유전자를 도입하면 다능성이 된다는 전제가 필요하니 우선 24가지 유전자를 모두 세포 덩어리에 도입했고 몇 가지 세포가 다능성을 보였습니다. 하나의 세포에 몇 개의 유전자가 들어갔는지는 모르지만 적어도 24가지 중 다능성을 부여하는 유전자가 포함되어 있다는 사실은 알아낸 것입니다. 다음에는 한 개의 유전자만 넣었고, 이 방식으로 24가지 유전자를 모두 실험했지만 모두 실패했습니다. 이 실험을 통해 다능성을 부여하려면 두 개 이상의 유전자가 필요하다는 사실을 알았지만, 역시 어떤 유전자가 몇 개나 필요한지는 알 수 없었습니다.

여기서 만약 두 개가 필요하다면 몇 가지 경우의 수가, 세 개가 필요하다면 몇 가지 경우의 수가 필요한지 계산해 볼까요? 보통 일이 아닐 거예요. 하지만 야마나카 교수는 어림짐작으로 실험하지 않았습니다.

앞에서 설명한 녹아웃 마우스를 떠올려 보세요. 이 방법을 응용하면 iPS 유전자를 찾을 수 있습니다.

즉 24가지에서 한 개를 제거한 23개의 유전자를 체세포에 도입하면 된다는 말입니다. 이 방법을 사용하면 24번 만에 찾을 수 있습니다. 실제 이 방법으로 다능성이 되지 못한 23개의 유전자 조합 몇 가지를 찾아냈고, 이 조합에서 제거한 한 개의 유전자가 다능성 세포에 관여하는 유전자 후보라는 사실을 알아냈습니다. 이런 간단한 실험으로 네 가지 유전자를 찾아낼 수 있었지요.

그다음 사람의 체세포에 이 네 가지 유전자를 도입하는데, 이 유전자는 모두 원래 사람의 게놈에 포함된 유전자입니다. 여기에 해당 유전자를 도입해 과도하게 발현시키고, 관련 단백질이 과도하게 합성되면 체세포에 다능성이 생깁니다.

처음에는 가장 효율이 좋은 체세포 게놈에 들어가는 벡터를 이용해 유전자를 도입했지만, 실제로는 단백질을 합성하고 다능성을 가지게 되면 도입한 유전자는 필요 없어지기 때문에 게놈에 들어가지 않는 편이 낫다는 사실을 알았습니다. 그래서 게놈 밖에서 발현하는 벡터와 단백질을 직접 도입하는 방법을 개발했어요. 또한 처음에 발견한 네 가지 유전자(야마나카 인자) 외의 조합도 발견해 네 가지 유전자가 아니라 세 가지, 두 가지 유전자로 줄이는 방법, 단백질이나 화학 물질로 보충하는 방법 등 다양한 조합으로 iPS 세포를 만들고 있습니다.

그뿐만 아니라 iPS 세포는 각종 세포로 유도되어 특수한 세포로 분화하지만, 특정 체세포에서 iPS 세포를 거치지 않고 다른 유전자의 도입만으로 특수한 세포로 유도하는 방법도 개발되었습니다. iPS 세포 기술이 앞으로 더 안전한 재생 의료에 응용되기를 기대해 봅니다.

복제 인간과 전능성, 다능성, 단능성

마지막으로 정리해 볼까요?

재생 의료에서 이용하는 다능성 세포는 단순한 ES 세포가 아니라 복제 ES 세포입니다. 그리고 복제 ES 세포를 만들려면 난자나 배아가 필요하다는 윤리적, 기술적 문제뿐만이 아니라 이른바 '복제 인간'이 탄생한다는 문제도 있습니다. 복제 ES 세포를 생성하기 위해 사용하는 배반포기의 복제 배아를 자궁에 이식하면 체세포 복제 인간이 태어납니다.

복제 인간을 만들면 안 된다는 생명 윤리적 설명의 근거가 충분하지는 않지만, 일반적으로 사람들은 복제 인간을 가까이하려 하지 않습니다. 또한 배아를 파괴해야 한다는 점에서도 복제 ES 세포의 연구는 쉽지 않습니다. 그런 의미에서 iPS 세포 기술은 획기적이라 할 수 있습니다.

자궁의 도움을 빌리지 않고 개체로 성장할 수 있는 능력을 전능성이라고 합니다. 4세포기까지라면 따로 분리해도 각각의 개체가 되어 일란성 복제 인간이 태어납니다. 배아는 배반포기까지 배양할 수 있고, 배아 안에 있는 세포를 특수한 조건으로 배양하면 어떤 세포로도 분화할 수 있는 다능성을 가진 세포로 만들 수 있습니다. 또한 세포를 추출한 배반포를 다시 자궁에 이식하면 이 또한 개체가 됩니다. 물론 여기서 분화한 세포는 단능성이지만, 유전자를 도입해 iPS 세포로 만들면 이 세포도 다능성을 가질 수 있습니다. 또 다능성 세포의 유전적 결함을 유전자 재조합(변형) 기술을 이용해 복구시킨 다음 다시 분화시켜서 이용할 수도 있습니다.

다만 ES 세포나 iPS 세포는 어떤 세포로도 분화할 수 있지만 모든 장기나 기관이 되는 것은 아닙니다. 물론 앞으로 가능해질 수도 있겠지만, 아직은 입체적인 세포 덩어리인 장기는 만들 수 없습니다.

[그림 2-42] 복제 ES 세포와 iPS 세포의 차이

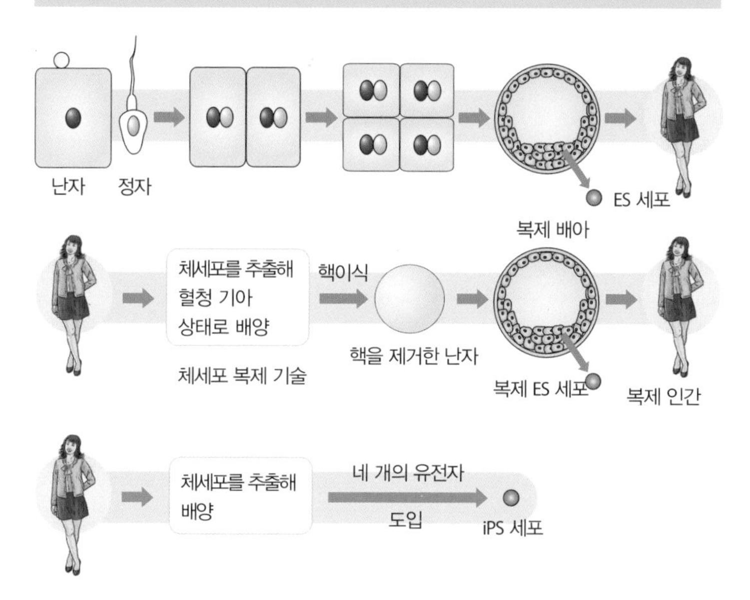

[그림 2-43] 전능성, 다능성, 단능성 정리

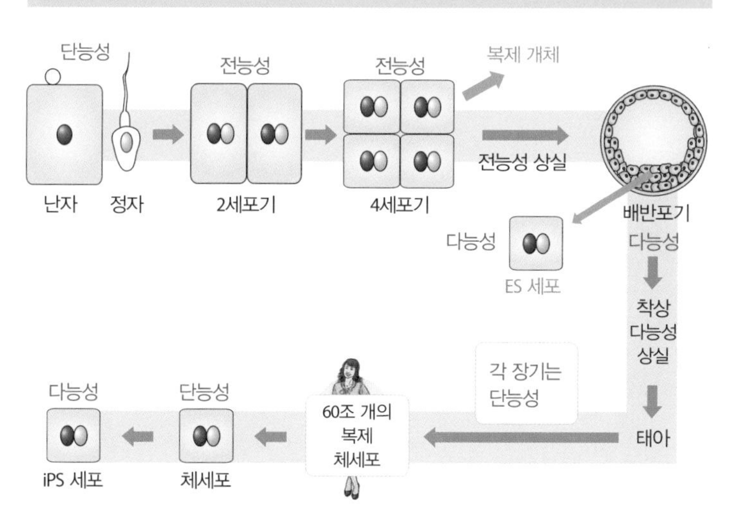

주요 참고 도서

Voet他, 田宮信雄他,『ヴォート 基礎生化学第3版』, 東京化学同人, 2010.

Nelson、Cox,『レーニンジャーの新生化学上下巻第5版』, 川嵜敏祐他, 廣川書店, 2010.

Lewin, 菊池韶彦他,『遺伝子 第8版』, 東京化学同人, 2006.

Strachan、Read, 村松正實,『ヒトの分子遺伝学第3版』, メディカルサイエンスインターナショナル, 2005.

Darnell他, 石浦章一他,『分子細胞生物学第6版』, 東京化学同人, 2010.

Alberts他, 中村桂子他,『細胞の分子生物学第5版』, ニュートンプレス, 2010.

Hartwell他, 菊池韶彦,『ハートウェル遺伝学遺伝子、ゲノム、そして生命システムへ』, メディカルサイエンスインターナショナル, 2010.

Watson他, 中村桂子,『ワトソン 遺伝子の分子生物学第6版』, 東京電機大学, 2010.

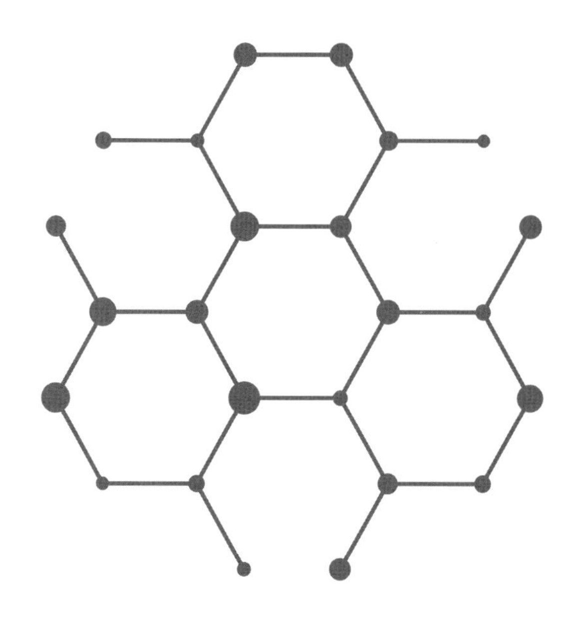

하루 한 권, 생명공학

초판 1쇄 발행 2023년 10월 31일
초판 2쇄 발행 2024년 07월 31일

지은이 아시다 요시유키
옮긴이 이은혜
발행인 채종준

출판총괄 박능원
국제업무 채보라
책임편집 구현희 · 신대리라
마케팅 문선영
전자책 정담자리

브랜드 드루
주소 경기도 파주시 회동길 230 (문발동)
투고문의 ksibook13@kstudy.com

발행처 한국학술정보(주)
출판신고 2003년 9월 25일 제 406-2003-000012호
인쇄 북토리

ISBN 979-11-6983-736-1 04400
979-11-6983-178-9 (세트)

드루는 한국학술정보(주)의 지식 · 교양도서 출판 브랜드입니다.
세상의 모든 지식을 두루두루 모아 독자에게 내보인다는 뜻을 담았습니다.
지적인 호기심을 해결하고 생각에 깊이를 더할 수 있도록, 보다 가치 있는 책을 만들고자 합니다.